冻融岩体静动力学特性及损伤破坏机理研究

虞松涛　邓红卫　著

中南大学出版社
www.csupress.com.cn
·长沙·

图书在版编目(CIP)数据

冻融岩体静动力学特性及损伤破坏机理研究／虞松涛，
邓红卫著. --长沙：中南大学出版社，2024.11.
　　ISBN 978-7-5487-5983-6

Ⅰ. TU45

中国国家版本馆 CIP 数据核字第 202479K19A 号

冻融岩体静动力学特性及损伤破坏机理研究
DONGRONG YANTI JINGDONGLIXUE TEXING JI SUNSHANG POHUAI JILI YANJIU

虞松涛　邓红卫　著

□出 版 人	林绵优	
□责任编辑	史海燕	
□责任印制	唐　曦	
□出版发行	中南大学出版社	
	社址：长沙市麓山南路	邮编：410083
	发行科电话：0731-88876770	传真：0731-88710482
□印　　装	广东虎彩云印刷有限公司	

□开　　本	710 mm×1000 mm 1/16	□印张 12　□字数 242 千字
□版　　次	2024 年 11 月第 1 版	□印次 2024 年 11 月第 1 次印刷
□书　　号	ISBN 978-7-5487-5983-6	
□定　　价	78.00 元	

前言 / Foreword

随着"西部大开发"等在西部地区逐步实施与深入，大量公路、铁路、矿山等基础设施建设项目开始实施，在西部建立起了一批能源及有色金属基地，给当地带来了发展，也给当地带来了一些隐患。寒区边坡失稳风险是重要的隐患之一。结构面的存在改变了边坡的内部结构和应力状态，并为存储水分提供了空间，便于冻胀作用施加于周边结构，反过来也促进了结构面的发展。此外，由于矿山的废石剥离和矿石回采大多采用钻爆法，大量、频繁的爆破作业产生的动态载荷作用于寒区边坡。由于动态载荷具备瞬时性，动态载荷作用下的寒区边坡具有不同的力学响应特征和破坏失稳机制，可能会加速寒区边坡的失稳。另外，岩体中结构面影响动态应力波的传播，应变硬化效应等现象是寒区边坡工程所实际面对的，但是准静态加载中却无法考虑。因此，研究动态载荷作用下裂隙岩体的力学响应规律及损伤破坏特征同样十分必要。

基于此，本文以冻融作用下的岩体为研究对象，以循环冻融和裂隙倾角为变量，以研究冻融作用下岩体在静、动态加载下的力学特性和损伤破坏机理为目标，开展了核磁共振检测、静力学试验、动力学试验等一系列试验，在此基础上分析冻融岩石细观结构演化规律、宏观静动力学特性、能量演化特征和宏细观参数之间的关联，推导并验证冻融损伤岩石的静态本构模型和动态本构模型，研究静、动态加载下冻融岩石损伤破坏机理。本书共分为六章，各章内容为：第 1 章绪论；第 2 章冻融条件下岩体细观结构演化规律研究；第 3 章循环冻融下岩体的静力学特性研究；第 4 章循环冻融下岩体的动力学特性研究；第 5 章冻融岩体的分形特征及能量演化规律研究；第 6 章冻融循环下岩体的损伤演化及本构模型研究。

　　本书是作者本人及研究团队从事该领域研究以来的工作的总结、提升和发展的成果展示，其中部分内容已在国内外学术期刊上发表。在此期间，本书研究成果受到稀有金属资源安全高效开采江西省重点实验室（2023SSY01031），江西理工大学应急管理与安全工程学院、赣州市多灾种综合应急技术创新中心等单位资助。国家自然科学基金（51874352）、江西省教育厅项目（GJJ210867，204201400903）、江西理工大学博士启动资金（2021003）等项目的资助与支持。研究团队中的邓红卫教授、周科平教授、李杰林副教授、高峰副教授、曹平教授、林杭教授在作者多年的研究过程中给出了宝贵的建议与指导，为本书的完成提供了帮助。刘传举、高如高、郭洪泉、彭涛等为本书的资料收集、绘图和文字校对等工作作出了重要贡献；蒋震、田广林、刘尧、钟智明等为本书中的实验方案设计、开展、数据处理等工作做出了重要贡献，在此一并表示感谢。

　　冻融岩体的静动力学特性和破坏机理研究方兴未艾，仍然有许多问题值得更深入分析、研究和探讨。本书对其中部分内容进行了探讨，涉及内容十分有限，许多问题还有待进一步深入研究；同时，书中的一些观点及理论成果也有待进一步完善，期待与同行切磋和交流，以促进该领域技术的继续发展和更深层次的探索研究。本书写作时参阅和引用了大量的文献资料，谨向有关作者和单位表示由衷的感谢。

目录 / Contents

第 1 章 绪 论

1.1 选题依据及意义

在全球的工业化和信息化发展历程中,能源与矿产资源一直是保证社会高速发展的物质基础,在社会的历史进程中起着不可替代的作用。我国是大宗矿产资源的消费大国,统计数据表明,2017 年我国的铁、铅、锌、锡等 24 种金属矿产消费量超过世界总消费量的 40%,水泥、铜、铝等 13 种矿产的消费量超过世界总消费量的 50%,其中超过 32 种矿产的消费量居世界首位。

面对国内对大宗矿产资源的迫切需求与浅层资源开发殆尽的现状,人们把目光投向了西部地区。据统计,西部地区有 45 种重要矿产资源潜在储量占比超全国总量 40%,铜、锌、磷等矿产的探明储量占 50% 左右。国家战略及政策支持为西部资源的开发创造了有利的条件。政策上,国家先后出台了"西部大开发"等国家政策,中央和地方政府大力支持西部资源开发;经济上,中央财政和民间资本同样聚焦西部的发展。

随着"西部大开发"等国家政策在西部地区逐步实施与深入,大量公路、铁路、矿山等基础设施建设项目开始实施,在西部建立起了一批能源及有色金属基地。然而,我国的西部和北部因为纬度或海拔的原因,处在所谓的寒区之中。在水的参与下,寒区内广泛存在冻融现象。由于循环冻融作用不断地弱化岩土材料的力学特性,使其特性有别于其他区域的岩土材料。因此,西部开发给当地带来发展机遇的同时,也给当地带来了一些隐患。如道路建设及矿山开发可能造成生态破坏、环境污染,甚至直接造成地质灾害。

冻融损伤导致的岩体力学性能衰减是造成寒区边坡失稳的重要危险源之一,这种由冻融作用导致的临近财产和人员的自然山体或人工边坡的失稳风险对于社会而言是不能承受的。2013 年 3 月,中国黄金集团旗下的拉萨甲玛矿区由于冻融作用的影响,发生了大型山体滑坡,形成约 200 万立方米的滑坡体,造成 66 人死亡、17 人失踪，造成重大的经济损失和恶劣的社会影响。

在广袤的寒区中，存在不同时期形成的大量新、老边坡，而矿山边坡占据着重要的地位。矿山边坡是采矿活动留下的人工边坡，是由岩石和结构面组合而成的岩体结构。这些小至矿物节理、晶格缺陷的微结构面，大至宏观裂隙、断层所组成的宏观结构面和冻融作用一起时刻影响着寒区边坡的稳定性，对寒区的矿山边坡的失稳模式也起着决定性的作用。

由于矿山的废石剥离和矿石回采大多采用钻爆法，大量、频繁的爆破作业产生的动态载荷作用于寒区边坡。不同于准静态载荷作用下的冻融岩石有足够的时间发生变形和破坏，由于动态载荷具有瞬时性，动态载荷作用下的寒区边坡具有不同的力学响应特征和破坏失稳机制，可能会加速寒区边坡的失稳。另外，岩体中结构面影响动态应力波的传播，应变硬化效应等现象是寒区边坡工程实际面对的，但是准静态加载中却无法考虑。因此，研究动态载荷作用下裂隙岩体的力学响应规律及损伤破坏特征同样十分必要。

1.2 国内外研究现状

1.2.1 冻融作用下岩石力学特性

（1）冻融岩石的静态力学特性研究

虽然冻融岩石的研究历史仅 40 余年，但是在国内外学者的努力下取得了十分丰硕的研究成果。在冻融岩石的静态力学特性研究方面，Park 以凝灰岩、闪长岩和玄武岩为研究样本，结合 CT、电镜和力学试验探究了循环冻融作用对这三种不同类型的岩石纵波波速、质量、孔隙度、抗拉强度等物理力学特性的影响。Mustafa 以当地建筑常用的安山岩为研究目标，对 5 次循环冻融处理后的试样进行力学测试，研究了冻融作用对孔隙率、超声波速、单轴抗压强度、点荷载强度、磨损量(BA)等物理力学参数的影响。Del Río 以西班牙当地的几种常见花岗岩为研究目标，分别测试了不同冻融温度范围及冻融时间下花岗岩的纵波波速，研究了冻结温度范围以及冻结时间对几种花岗岩的纵波波速影响。Ganesh 以声发射为监测目标，研究冻融作用对花岗岩和喷射混凝土界面的影响，结果发现声发射主要发生在冻结阶段，且声发射事件的数量并不随冻结循环次数的增加而增加。

单仁亮等以我国西北部寒区常见的红砂岩为研究对象，分别研究了冻融作用对常温以及冻结下的红砂岩强度、黏聚力、内摩擦角、孔隙率及损伤的影响。奚家米对白垩系砂岩及泥岩开展三种状态下（常温、冻结及融解）的吸水试验及单轴压缩试验，研究了常见白垩系岩层在不同状态下的吸水特性以及力学特性，并探讨了冻融作用对试样的损伤。贺晶晶以不同循环冻融后的砂岩含水状态为研究重点，分别对不同循环后不同含水率的砂岩试样进行剪切性能试验及破坏面三维重构，分析了峰值剪应力、内摩擦角、黏聚力和破坏面的分形维数等参数与循环冻融次数和试样饱水率之间的内在联系。王永岩通过页岩相似材料制作了 5 种不同孔隙率的材料，对其进行循环冻融试验和力学试验，研究了冻融环境下孔隙率对页岩相似材料的力学特性的影响。徐光苗对红砂岩与页岩展开了不同冻结温度和含水状态下的单轴压缩、三轴压缩、超声波速测试等试验，拟合饱水状态下单轴强度及弹模与循环冻融次数之间的关系式，并推导了受循环冻融影响的单轴损伤本构方程。张慧梅与杨更社以红砂岩和页岩为对象，研究了干燥、饱水冻融两种状态下抗拉强度，分析了岩性、含水状态以及循环冻融次数对岩石抗拉强度以及弹性模量的影响。

周科平采用粗、细两种粒径的花岗岩为试验样本，对其进行了循环冻融试验、核磁共振（NMR）试验以及岩石力学试验，研究了粒径对循环冻融损伤的影响。李杰林以粗粒花岗岩为研究对象，对其进行了循环冻融试验和核磁共振试验，获得了花岗岩孔隙发育特征与单轴抗压强度随循环冻融次数之间的关系，建立了冻融花岗岩的孔隙度与其单轴抗压强度之间的关联。宋勇军对不同循环冻融后的红砂岩进行了单轴试验和循环加卸载试验，探究了单位体积耗散能、平均加载模量等循环加卸载力学参数与循环冻融次数之间的内在关系。张慧梅对饱水红砂岩开展循环冻融试验，获得了红砂岩在循环冻融作用下的损伤扩展力学参数，并对其损伤劣化模式进行了分析研究。

俞缙以砂岩为研究对象，对不同循环冻融后的砂岩为试样开展单轴、三轴压缩和峰前卸荷试验，研究了循环冻融作用对卸荷路径下的关键力学性能和破坏特征的影响。徐拴海对经历不同循环冻融后的粗砂岩进行了三轴压缩试验，研究了围压以及循环冻融次数对粗砂岩的强度、弹性模量、轴向应变、黏聚力及内摩擦角的影响。阎锡东基于基础力学理论，探讨循环冻融次数、岩石孔隙中的冻胀力与岩石损伤之间的关联，建立了它们之间的关系式，并通过实验验证了关系式的正确性。

张继周开展了泥岩、灰岩和辉绿岩三种岩石在蒸馏水及硝酸溶液浸泡下的循环冻融试验，探究循环冻融次数和水化环境对冻融岩石的单轴强度及破坏模式影响。韩铁林对浸泡在强酸性、强碱性及中性至弱碱性的砂岩进行不同次数的循环冻融试验，测定了不同水化学环境和循环冻融耦合下砂岩的物理力学特性及损伤劣化特征。丁梧秀研究了龙门石窟灰岩分别在蒸馏水、龙门水和 NaCl 溶液与循环冻融耦合作用下的强度特性和劣化模式，建立了龙门石窟灰岩在受到冻融与水化学溶液侵蚀耦合的损伤方程。

(2)冻融岩石的动态力学特性研究

由于冻融岩土材料同样受到地震、爆破震动等动态载荷的影响，关于冻融岩石在动力扰动下的力学响应研究近些年来逐渐受到学者们的关注，并取得了一定的成果。

刘少赫采用 SHPB 冲击压杆和扫描电镜，对经历不同循环冻融次数的红砂岩进行动态力学测试和扫描电镜测试，研究了峰值应力、弹性模量、峰值应变随循环冻融的变化规律。Li 对冻融后的砂岩试样进行了核磁共振（NMR）试验，再进行动态冲击试验，探究了循环冻融对砂岩孔隙结构和动力学特性的影响。闻磊对冻融前后的花岗斑岩进行了静态及动态力学测试，获得了不同循环冻融后不同应变率冲击作用下的花岗斑岩应力应变曲线，发现花岗斑岩的动态压缩强度同时受到循环冻融次数和应变率的影响，动态压缩强度随循环冻融次数增加而减小，随应变率的增加而增大。杨阳以温度和应变率为试验变量，分析了低温和应变率对冲击压缩强度、峰值应变、动弹性模量、冲击劈裂强度、能量分布特征、岩石破碎分形特征以及断裂特征等参数的影响。Chen 对在不同冻结温度下开展冻融试验的黄砂岩试样进行动态冲击，分析了试样的动态弹性模量、强度和碎块平均粒径与冻结温度之间的关系。郑广辉以岩石试样的层理结构为研究焦点，对含有垂直及平行的木纹砂岩开展循环冻融试验，后测试不同循环冻融后试样的孔隙度、纵波波速以及不同冲击速度下的破碎块度，发现平行层理试样更容易损伤，并且两种层理结构试样的破碎块度与循环冻融次数呈现正相关、负相关及波动相关 3 种关系。

Wang 研究了不同冻融次数后红砂岩试样的密度、孔隙度、纵波波速、动态单轴压缩强度及变形模量随循环冻融次数的变化规律，构建了受冻融作用的红砂岩动态力学衰减模型，以预测长期冻融后的红砂岩动态力学特性。Ke 对不同循环冻融处理过后的砂岩试样进行动态冲击试验，提出了受冻融风化作用的考虑不同应变率和试样尺寸的岩石动态强度退化模型，并验证了该模型的有效性。Liu 开展了花岗岩材质的半圆盘（SCB）冲击试验，研究了冲击过程中的能量与循环冻融，破碎程度与孔隙度之间的关系。

安超利用 SHPB 装置测试了循环冻融和高应变率作用下砂岩的动力学响应规律以及试样的破坏及能量耗散规律，发现冻融温度与动态弹性模量、峰值应力正相关，与峰值应变负相关，试样的破碎块度也随温度降低而减小；应变率与动态弹性模量、峰值应力、峰值应变以及试样的耗散能比正相关。Zhang 对经历不同循环冻融的砂岩分别进行静态及动态力学试验后，从力学特性和能量演化的角度分析了冻融作用对砂岩的影响，发现冻融作用劣化了砂岩的物理力学特性，试样的峰前应变能、峰后应变能以及总应变能均随着循环冻融次数的增加而减少，而弹性应变能随循环冻融次数的变化规律不明显。Ma 研究砂质泥岩和泥岩这两种软岩在冻融作用下的动态单轴压缩特性及能量演化特征，定义了动态冻融损伤系数和冻融损伤变量来描述冻融损伤。

1.2.2　冻融作用下岩体的力学特性

随着近些年来冻融岩石力学成为了岩石力学领域内的研究热点，一批学者开始对冻融裂隙岩体的力学特性和损伤演化开展了研究，并取得了丰硕的成果，但是这些研究基本局限于静力学的范畴，鲜有涉及冻融作用下岩体的动力学特性及损伤研究。

路亚妮等通过在类岩石材料中预制裂隙来模拟岩体，基于实验结果研究了循环冻融次数、裂隙几何参数、围压大小对冻融裂隙岩体力学特性的影响，归纳了裂隙岩体的损伤劣化模式，探讨了含裂隙冻融岩体的损伤劣化机制，推导了裂隙和冻融耦合下的损伤本构模型。母剑桥以天山公路某段常见的千枚岩、花岗岩以及砂岩为试样，对经历了不同循环冻融的试样开展了岩体(结构面)抗剪强度测试，分析了经历不同循环冻融作用后三种岩石的抗剪切强度、内聚力和内摩擦角的演化规律。刘红岩采用相似材料的方法制作裂隙岩体，以节理几何参数、节理充填物类型、节理充填物厚度、试样饱和度、循环冻融次数作为试验变量，研究它们对试样的破坏模式、单轴强度及弹性模量的影响。徐拴海总结了含冰裂隙的冻结岩石强度特性，讨论了消融过程中的含冰裂隙岩体的物理力学特性，提出融化作用下的含冰裂隙岩体的物理力学特性是未来的重要研究方向。

贾海梁采用中尺度物理模型研究了单裂隙花岗岩在三种冻结模式(由外而内冻结、由内而外冻结及双向冻结)下的变形特征，并在此基础上分析了不同冻结模式下的裂隙扩展机制。申艳军以相似材料制备了含裂隙的圆柱形类砂岩试样，着重研究了饱水岩体在不同循环冻融次数处理后的局部损伤效应，发现冻融作用造成的局部损伤效应随着倾角减小而变得显著，冻融作用造成的局部损伤效应在上下端部差异明显。刘艳章研究了冻结方式和裂隙倾角对冻融作用下岩石的裂纹扩展及断裂和单轴压缩特性的影响，发现非预冷冻结产生的冻胀力大于预冷冻结；冻胀裂纹前期沿着裂隙面扩展，扩展长度与倾角正相关。任建喜对预制双裂纹砂岩试件冻融后进行单轴压缩试验，分析了压缩过程中岩样的细观损伤破坏机理，发现岩石中裂纹开始扩展的位置及宏观贯通裂纹的形成受预制裂纹影响。

杨更社从冻融的损伤尺度与损伤识别两个角度出发，综述了不同尺度上的冻融损伤特征以及识别手段，展望了今后的冻融岩体损伤识别、评价机制的发展方向。刘泉声将循环冻融中的冻胀力看作是作用在岩石试样上的三轴拉伸应力，以此为基础建立了冻融岩体的损伤模型；然后联合孔隙度和纵波波速构建了统一损伤变量，以动弹性模量损失40%为临界值，结合冻融的统一损伤变量，得到循环冻融的损伤演化规律。陈松以应变等效假设为基础，综合考虑冻融与载荷引起的细观损伤和裂隙引起的宏观损伤,建立了考虑宏细观损伤的、适用于冻融节理岩体的复合损伤模型,分别分析了裂隙贯通率和循环冻融次数对岩石试样损伤的影响。黄诗冰对不同长度和宽度的饱和裂隙中的冻胀力进行连续监测,发现冻胀力的演化可分成孕育、爆发、跌落及平衡4个阶段,在一定的裂隙尺寸范围内,冻胀力与裂隙的宽度呈现线性正相关,冻胀力是驱使裂纹扩张的主要原因。

1.2.3　岩石细观结构检测技术

(1)电子显微镜扫描

Sprunt 和 Brace 率先把扫描电镜观测技术引入岩石损伤检测的研究中来,用于观测岩石内部的微裂隙扩张,并在岩石微破裂的研究方面取得了成果。Monteiro 率先把扫描电镜技术用于观察混凝土中孔隙结构在混凝土的冻结和水分迁移作用下的破坏过程。Mousavi 采用电镜扫描技术用于观察循环冻融过程中片岩的损伤过程,揭示了冻融作用下片岩中的裂纹扩展和孔隙率的增加过程。Javier 以 6 种不同的石灰岩为研究对象,采用扫描电镜观察了 48 个循环冻融后的各类石灰岩的细观结构的演变过程。

王章琼对发生冻融损伤后压缩破坏的武当群片岩试样的破坏断面进行电镜扫描,发现循环冻融对片岩剪切破坏时片理裂隙发育特征及片理面间岩石矿物的变形破坏特征具有影响。刘成禹对吉林某古建筑的花岗岩冻融前后的扫描电镜结果进行对比,发现经历多次低温循环冻融后的花岗岩中不仅原有的宏观裂隙和微观裂隙扩展变宽,也萌生了新的裂隙,破坏了花岗岩的结构。项伟采用电镜扫描技术对冻融前后的砂岩、砂浆及交界面的微观结构进行分析,研究了岩体与砂浆喷层结构的冻融损伤机制。

张继周采用扫描电镜对 2 种水化环境下岩石试样的微观结构进行观测,发现岩石试样中的黏土溶解于硝酸溶液中,岩样表面被硝酸溶液侵蚀形成新孔隙,使岩样变得疏松。母剑桥采用电镜扫描技术对天山地区的花岗岩、砂岩和千枚岩的冻融劣化损伤机制进行研究,提出了裂隙扩展劣化和颗粒析出劣化两种冻融劣化。扫描电镜技术为岩石的微细观损伤检测提供了很好的途径,但是只能定性地对局部损伤进行观测,且仅能观测岩石试样的表面或者断面部分,而难以观测岩石试样的内部损伤。

(2)CT 扫描

20 世纪 80 年代末,国外的研究人员开始了岩石损伤 CT 检测的定量研究。Raynaud 将 CT 技术应用于岩石的破裂面扫描,得到了扫描断面的 CT 图像,将断面的 CT 图像按照空间位置顺序组合,较为直观地显示了岩石试样内部的裂纹演化的过程。V. G. Ruiz 采用 CT 扫描技术对白云岩的内部纹理及孔隙结构进行成像,并对其内部结构进行三维重构,研究冻融作用下白云岩的损伤深度变化和孔隙结构演化，用以评估白云岩的耐久性。

杨更社是国内率先把 CT 识别技术引入损伤识别领域的学者，建立了岩石试样的损伤密度和岩石试样的 CT 数之间的关系，以试样的 CT 数为表征变量，研究了冻结速度、冻结温度、循环冻融次数等因素对岩石的损伤演化及扩展机理的影响。葛修润对岩石的三轴压缩和循环加卸载过程进行 CT 实时探测，获得了岩石破坏过程中内部结构的损伤与扩展过程，分析了岩石加载下的损伤演化规律。刘慧以 CT 图像为基础，采用图像处理技术构建了岩样的细观结构空间模型，为冻融环境下岩样内部的温度场模拟提供了准确的物理模型。庞步青从分形的角度出发，对冻融处理后的红砂岩试样的 CT 图像进行分析，发现红砂岩试样的整体及全截面的分形维数随着循环冻融的增加而减小，中心部分的分形维数随着循环冻融的增加而增大。

（3）核磁共振监测

核磁共振技术（NMR）是一种对孔隙流体中的 H^+ 原子敏感的无损检测技术，由于该技术可以获得孔隙度、孔径分布、渗透率等表征试样内部流体赋存与运移的定量参数，在工程领域内，核磁共振技术在冻融损伤检测与石油储层检测中具备独特的优势。

核磁共振技术在石油储层检测领域应用较早，常常被用于测井解释与物性评价。王光海在分析 NMR 和石油储集层特点的基础上，讨论了 NMR 弛豫时间分布与孔径、渗透率、自由流体和束缚流体体积之间的关系。王为民研究了陆相沉积岩的物理性质与其 NMR 特性之间的关联，提出了将 NMR 参数转化为油层物理参数的方法。胡俊将 NMR 用于评价低阻储集层的孔隙度、自由水含量、束缚水含量等参数。李艳等众多学者将 NMR 应用于储集层的物性研究与测井解释。

NMR 技术近些年来逐渐在冻融损伤检测方面发挥重要作用。周科平采用 NMR 检测了岩石的细观结构，研究了岩石颗粒粒径、卸荷损伤、冲击载荷、循环冻融等因素对 T_2 谱、孔隙度、T_2 截止值、NMR 成像等核磁共振参数的影响，探究了不同因素对岩石孔隙结构的影响。李杰林对经历不同循环冻融次数作用的岩石开展 NMR 检测、单轴压缩、动态冲击试验，研究了循环冻融作用下岩石内部的孔隙结构演化，建立了孔隙度演化与岩石力学之间的关系，研究了冻融条件下岩石的损伤演化规律。邓红卫和高峰对水化学和冻融耦合作用下岩石内部结构进行 NMR 探测，揭示了不同水化学环境以及循环冻融影响下岩石的损伤演化规律及劣化机理。

杨更社团队设计了一套配备环境控制系统的 NMR 检测系统，并将该系统用于实时检测冻融过程中岩石内部的未冻水含量及 T_2 谱，初步揭示了冻融过程中不同孔径孔隙的未冻水持水规律。张二锋对砂岩试样开展了总数 50 次的冻融作用，每 10 个循环对试样进行 NMR 检测，对砂岩试样各个分层的孔隙度与 T_2 谱进行分析对比，发现试样的冻融损伤存在明显的各向异性，两端的损伤明显比中部的损伤更加剧烈。

NMR 的 T_2 分布曲线提供的是相对大小的孔径，而现有通过 NMR 技术所获得的孔径分布更多是通过经验估算所得，或者结合核磁共振与压汞等孔径测算方法计算得到，难以直接反映试样的真实孔径大小。在 NMR 的基本理论中，岩石孔径与 T_2 值之间是线性相关的，二者之间通过转换系数进行转换，且该转换系数是岩石表面弛豫强度的线性函数。岩石孔径和 T_2 值之间转换的关键在于岩石的表面弛豫强度或者转换系数，岩石的表面弛豫强度与岩性相关，因此，不同岩石的表面弛豫强度或转换系数是不同的。

在灰砂岩的孔隙结构分析中，张二锋选取 5 μm/ms 为表面弛豫强度用以将灰砂岩的 T_2 值转换为孔径。通过对不同的岩石材料的表面弛豫强度进行研究，Lawrence 发现多孔岩石材料的表面弛豫强度范围一般在 1 到 10 μm/ms 之间。Li 在分析充填体的孔径分布特征时，参考混凝土的表面弛豫强度，取值为 12 nm/ms。运华云等利用岩石的 T_2 谱来构建赝毛管压力曲线，并与压汞试验获得的真实毛管压力曲线进行拟合与验证。

以上的孔径确定方法中，经验法得到的孔径分布具有较大的主观性，得到的孔径分布偏差较大，且不同岩性之间的转换系数或表面弛豫强度之间不具备借鉴性。T_2 谱与压汞法联合的方法所确定的孔径分布结果准确可靠，但是该方法存在操作复杂、成本较高、损伤试样内部结构等缺点。

超声波检测、声发射等技术也用于损伤检测。商涛平以饱水和干燥两种状态下的混凝土为研究对象，以超声波检测技术测定了两种状态下混凝土中的声速，研究了含水率对混凝土材料的声波波速的影响规律。吴胜兴以混凝土的声发射 (AE) 信号为媒介，分析了混凝土破坏过程中的损伤特征，并以声发射的振幅、上升时间等频谱参数为指标，对不同材料的损伤发展过程进行了比较。朱宏平则是以声发射信号为基础，结合几何速率过程控制理论，表征了外载荷作用下混凝土的损伤。

上述常用的检测手段存在各自的特点和不足。压汞法在检测岩体的细观结构过程中，会破坏小孔的原生结构。由于波的传播特性，纵波波速法所测的材料细观结构具有方向性，因此该方法所表征的岩体细观结构损伤有一定的片面性。电镜扫描法只能对很小局部的细观结构进行探测和观察，并且这种观察只能停留在岩体的表面和断面，不能深入探测岩体的内部结构。和核磁共振检测相比，CT 检测因受其分辨率的影响，所能检测的孔隙孔径范围相对较小。核磁共振检测是一种无损的、定量的细观结构检测方法，孔径分布与横向弛豫时间的转换系数多是通过经验估算所得，如果确定了合理的孔径转换系数，可以从孔隙度、孔径分布、渗透率等视角表征岩体的细观结构特征。

1.2.4　岩石破坏的能量及分形特征

（1）岩石破坏的能量演化研究

岩石的能量分析与分形特征分析是近些年来岩石损伤研究的热点。因为能量是驱动岩石变形、屈服、破坏的内在因素，岩石在加载、卸荷过程中也伴随着能量的演化，因此，从能量的角度分析岩石的损伤和破坏具有重要的意义。

在基于能量分析的岩石静力学研究中，Shen 引入了损伤能量耗散率的概念，基于不可逆热力学特征描述了具有各向异性损伤的弹性材料的力学响应。通过对粉砂岩进行常规三轴压缩，并对岩样失效期间的能量变化进行分析，You 发现岩石在屈服过程中必须连续吸收能量，吸收的能量与轴向应变呈分段线性关系。谢和平等定义了能量耗散和能量释放的概念，讨论了能量耗散，能量释放和强度之间的关系，提出了岩石强度和突然结构破坏的判据及损伤过程中的能量机制研究。

黄达以 9 种应变率对大理岩进行静态单轴加载，用以研究静态加载速率对岩石的变形过程中的耗散能和释放能的影响。黎立云以不同的加载速率和载荷对岩石进行了单轴加卸载试验和 SHPB 冲击试验，分析了加载速率和载荷大小对岩石变形过程中的可释放弹性能和耗散能的影响规律。孙亚军以岩石的耗散能与岩石本构能的比值定义了基于能量表达的损伤变量，并以此为基础分析了裂纹几何参数对岩石损伤演化的影响。

在基于能量分析的岩石动力学研究中，Lundberg 对无侧限圆柱形 Bohus 花岗岩和 Solenhofen 石灰岩进行了 SHPB 测试，发现当施加的载荷接近一定值时，试样的能量吸收显著增加。Liu 以大理岩为试样开展高温下的 SHPB 冲击试验，研究了温度和冲击速率两个变量对吸能比（SEA）的影响。许金余对三种岩石开展不同围压下的冲击载荷循环试验，定义了累积比能量吸收参数用以从能量的角度描述损伤，发现岩石的累积比能量吸收参数和损伤之间存在较好的对应关系。

夏昌敬对不同孔隙率的类岩石开展 SHPB 冲击试验，发现岩石的反射能和耗散能随着孔隙率的增加而增加，透射能和岩石破坏临界状态的耗散能则随着孔隙度的增加而减少。袁璞对不同含水状态下的砂岩进行了 SHPB 冲击试验，结果表明砂岩的比能量吸收率随其吸水率的增大而增大，两者之间的关系可以通过对数函数进行描述。王文对不同含水状态的煤样进行动静组合加载，发现能量的耗散率、透射率、能耗密度随着饱水时间的增加而降低，而能量的反射率则随着煤样的饱水时间的增加而升高。王建国对单裂隙岩体进行 SHPB 冲击试验。试验结果表明：反射能量比随着裂隙倾角的增大呈现出先增大后减小的趋势；透射能量比的变化趋势则与反射能量比的变化趋势相反；能量耗散比随着倾角的增加呈现波动。此外，朱晶晶等学者在这方面做了很多研究，取得了丰硕的成果。

(2)岩石破坏的分形特征研究

分形几何学最先于1984年被B. B. Mandelbrot应用于金属材料的断裂表面特征的定量分析，自此以后，分形方法的应用领域被进一步扩展到岩石、混凝土等材料的定量表征。吴科如等在研究骨料对混凝土强度的影响时，用激光扫描的方法获取试样的断裂面特征，并计算了断裂面的分形维数。M. B. Feodo则是对断裂力学中的分形特征以及分形标度开展了研究。Carpinteri等用分形的方法对常用的混凝土和岩石材料在受荷作用下的裂缝发展进行了研究，分析了试样尺寸效应中的分形特征。Xie以湖北西部和四川东部碳酸盐岩为研究样本，采用分形及多重分形的方法对试样孔隙结构进行分析，探究分形维数与孔隙结构之间的关系，发现碳酸盐岩物性参数中的渗透率与孔隙度与试样的分形维数及多重分形维数密切相关。

Li对页岩试样开展了X射线衍射分析、场发射扫描电子显微镜和低压氮气吸附和甲烷吸附试验，研究了页岩的分形维数与试样孔隙结构之间的关系。Li就致密油砂岩的孔隙结构和分形特征之间的关系进行了研究，结果发现大孔、过渡孔与微孔的分形维数(D1、D2和D3)与对应孔隙的孔隙率呈明显的负相关关系。马新仿基于分形几何理论构建了岩石的毛管压力分形模型及孔径概率密度分布的分形模型，并对二者进行了解算。

庞步青采用分形的方法对经历了不同循环冻融的岩石试样的CT扫描图进行分析，发现整体孔隙的分形维数、全截面内孔隙的分形维数、全截面密度分形维数均与循环冻融次数总体上负相关，中心孔隙的分形维数和中心密度分形维数均与循环冻融次数正相关。此外，陈振标、张超谟和李润泽等学者也在采用分形维数表征岩石内部孔隙结构方面做出了贡献。

1.3 研究内容及技术路线

1.3.1 研究内容

本文采用试验研究、理论分析、损伤检测等方法和技术，旨在揭示循环冻融次数、裂隙倾角对岩体的静态及动态物理力学特性的影响规律、能量演化规律和分形特征的影响，并结合循环冻融作用下岩体的细观结构特征、结构分形特征与能量演化特征，探究静力、动力加载下冻融岩体的损伤、破坏机理。本文主要的研究内容有以下5个方面。

(1)循环冻融下岩体的细观结构特性研究。采用核磁共振检测技术，研究循环冻融对岩体内部细观结构的影响。构建核磁共振T_2值与试样孔径直接转换的转换模型，通过该模型优选出 T_2 值与试样孔径的转换系数，建立起 T_2 值与试样孔径的联系。分析岩体的孔隙率、孔径分布及渗透率等细观结构参数随循环冻融次数的变化规律。对经历相同循环冻融而含有不同倾角的裂隙的岩体试样进行对比分析，研究裂隙倾角对岩体试样的细观结构的影响。

（2）循环冻融下岩体的静态力学特征研究。对经历了不同循环冻融且含有不同倾角裂隙的岩体试样开展静态单轴压缩以及静态劈裂试验。获取不同循环冻融及倾角裂隙下试样的应力–应变曲线、弹性模量、单轴强度、峰值应变等静态压缩力学参数和Ⅰ型断裂拉伸强度、Ⅱ型断裂拉伸强度、Ⅰ型断裂韧度与Ⅱ型断裂韧度等静态劈裂力学参数。分析循环冻融次数及裂隙倾角对岩体静态力学特性的影响规律，建立循环冻融次数、节理裂隙倾角与冻融岩体试样各静态力学参数之间的内在关联。

（3）循环冻融下岩体的动态力学特征研究。基于 SHPB 动态压缩和劈裂试验，研究了不同循环冻融次数、裂隙倾角对岩体试样的应力–应变曲线、动态弹性模量、动态峰值应力、动态峰值应变等动态压缩力学参数的影响；并研究了不同循环冻融次数、裂隙倾角和应变率对岩体的Ⅰ型和Ⅱ型动态断裂拉伸强度、Ⅰ型和Ⅱ型动态断裂韧度等动态劈裂力学参数的影响。分析了循环冻融次数、裂隙倾角以及应变率对冻融岩体的动态力学特性的影响规律，建立循环冻融次数、节理裂隙倾角和应变率与冻融岩体试样各动态力学参数之间的关联。

（4）不同加载方式下冻融作用岩体的能量演化与分形特征研究。分析静载下冻融作用岩体耗散能、弹性应变能、峰前应变能和断裂破坏能等随裂隙倾角及循环冻融次数的演化规律；研究动载下冻融作用岩体的入射能、反射能、耗散能量以及断裂破坏能等随裂隙倾角及循环冻融次数的演化规律。基于分形理论，以 T_2 谱为分析对象，研究冻融岩体中孔隙体积分形维数与循环冻融次数和裂隙倾角之间的内在规律；以加载后不同粒径的破碎试样质量分布为对象，研究循环冻融次数和裂隙倾角对动态压缩下试样碎块的分形特征的影响规律。

（5）循环冻融下岩体的损伤演化与本构模型研究。综合考虑冻融作用下岩体的细观结构损伤、预制裂纹的宏观损伤和冻融损伤作用，构建冻融岩体的耦合损伤模型；以耦合损伤和静态弹性特性的组合体为基础，构建了静态加载下冻融作用岩体的损伤本构模型；考虑动态加载过程中的应变硬化现象，以耦合损伤、静态弹性特性与动态黏滞特性的组合体为基础，构建了动态加载下冻融裂隙岩体的损伤本构模型；将试验结果与本构模型进行比较，验证模型的正确性。

1.3.2 技术路线

本书的主要技术路线图如图 1-1 所示。

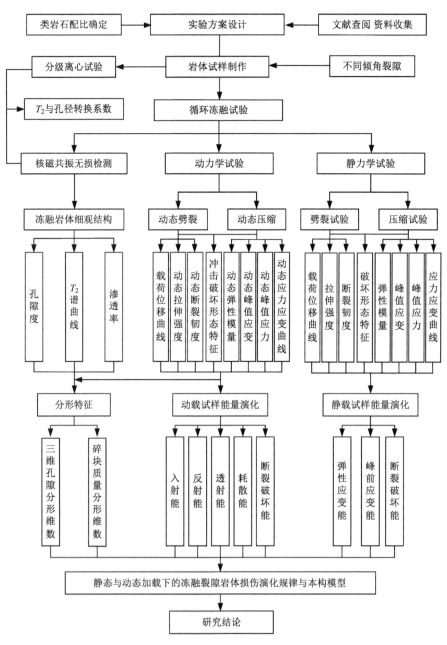

图1-1 本书技术路线图

第 2 章　冻融条件下岩体的
细观结构演化规律研究

2.1　概述

细观结构特征是岩石材料的重要特征之一，是岩石物理、力学及损伤特性研究的一个重要组成部分。岩石的细观结构损伤经历了从间接到直接表征的过程，孔隙度和力学特性的衰减是典型的细观结构损伤的表征指标，随着科学技术的不断发展，更多的检测手段为人们揭示岩石细观结构变化提供了途径。

核磁共振检测是一种无损的、定量的细观结构检测方法，可以从孔隙度、孔径分布、渗透率等视角表征岩体的细观结构特征。因此，在材料、生物、医药卫生、化工、地矿等诸多领域有了广泛的应用。

2.2　核磁共振系统原理概述

核磁共振检测技术是以学者 Isidor 发现的原子核的磁特性为基础发展而来的。当原子核中的质子数和中子数的其中一项为奇数，该原子核具备自旋特性，这样的原子核则具备净磁矩和角动量，此时的原子核可以看作是一个小的磁针。由于原子核是随机分布的(图 2-1)，因此，在宏观上包含大量原子核的系统不呈现出磁性。

当系统内的原子核处于稳定的磁场(B_0)中时，原子核会吸收磁场能量而发生能量跃迁，形成不同能态的原子核(图 2-2)。其中低能态原子核的磁矩方向和外部稳定磁场的方向一致，高能态原子核的磁矩方向和外部稳定磁场的方向相反。由于原子核系统在稳定磁场中有保持低能态的趋势，因此，低能态原子核的数量大于高能态的原子核数量，原子核系统所形成的宏观的净磁矩(M_0)方向与外部磁场相一致。

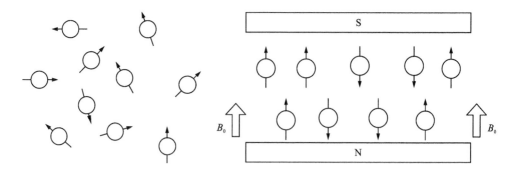

图 2-1　系统中原子核的初始分布状态　　图 2-2　稳定磁场系统中的原子核分布状态

　　如果给稳定的磁场(B_0)中的原子核系统施加一个交变射频磁场(B_1)，当该射频磁场的频率属于共振频率范围内时(图2-3)，系统中的低能态原子核可吸收射频磁场能量，跃迁成为高能态原子核，在射频磁场作用时间足够的前提下，高能态原子核的数量和低能态原子核的数量相等时，射频磁场能量的吸收达到饱和，此时原子核系统所形成的宏观的净磁矩为0。这种状态是不稳定的，一旦交变射频磁场停止，饱和的高能态原子核释放磁场能量，跌落回到低能级的平衡态，这个过程就是原子核的弛豫过程。

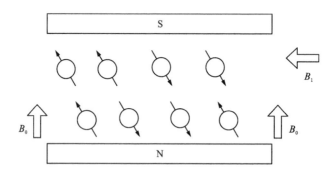

图 2-3　稳定与交变磁场共同作用下系统中的原子核分布状态

　　在弛豫过程中(图2-4)，原子核中质子的恢复程度在纵向(z轴方向)和横向(xy平面)用时间常数T_1(纵向弛豫时间)和T_2(横向弛豫时间)表征。T_1是M_0达到原始值63%所需要的时间，T_2是净磁矩M_{xy}衰减到其峰值37%时所需的时间。在岩石材料的自由流体弛豫机制、表面弛豫机制和扩散弛豫机制三种弛豫中，自由流体弛豫机制和扩散弛豫的影响很小，可以忽略。而岩石中的孔径结构特征与 T_2 关联，每个尺寸的孔径都有与之对应的 T_2 值。核磁共振的细观结构检测就是对饱水试样中的 H 质子进行 CPMG 脉冲序列测试，获得试样中不同尺寸孔隙的 T_2 自旋回波串衰减曲线所叠加的总衰减曲线，对总衰减曲线反演，所获得的各孔径弛豫分量及对应份额的曲线即为 T_2 谱曲线（图 2-5）。

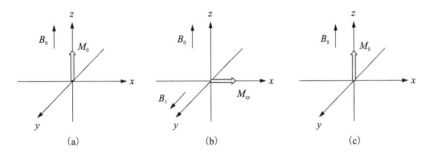

图 2-4　原子核横向弛豫过程示意图

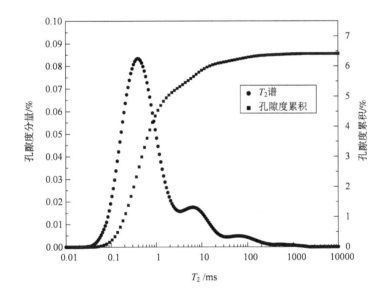

图 2-5　试样的 T_2 谱曲线及孔隙度累积曲线

2.3 试验设备及方案

2.3.1 试样准备

本书试验所采用的试样为类岩石试样。按照 $m_{水泥}$ ： $m_{细砂}$ ： $m_{水}$ ： $m_{硅粉}$ ： $m_{减水剂}$ = 1：1.3：0.32：0.1：0.01 制作。以该配比为依据，制作并筛选了不同尺寸的 4 个系列岩体试样共 420 余个，为后期的试验做好准备。试样分 4 个系列，每个系列分为 5 组。第 1 系列试样用于静态单轴压缩试验，试样直径 50 mm，高 100 mm，共有试样 90 个。系列 2 的试样为含中心裂纹的巴西圆盘试样，用于劈裂试验，贯通裂隙的宽度为 15 mm，厚 1 mm，共 90 个试样，试样尺寸为 50 mm× 50 mm。系列 3 的试样用于动态单轴冲击压缩试验，共 120 个试样，试样尺寸为 ϕ50 mm×50 mm。系列 4 的试样用于动态冲击劈裂试验，共 120 个试样，试样尺寸为 ϕ25 mm×50 mm。

试样基础参数如表 2-5 所示。

表 2-5 类岩石材料的参数

材料	密度/(g·cm⁻³)	单轴强度/MPa	抗拉强度/MPa	纵波波速/(m·s⁻¹)	孔隙度/%
类岩石	2.23	32.01	3.26	4078.35	3.186

2.3.2 试验设备

本章所进行的循环冻融试验和核磁共振检测试验所采用的仪器包含：BGZ-70 型 BOXUN 鼓风烘干箱，TDS-300 型冻融试验机，TD4-2 离心机、MiniMR-60 型核磁共振系统以及电子天平、游标卡尺等。主要的仪器设备介绍如下。

（1）TDS-300 型冻融试验机

试验中采用的冻融试验机为 TDS-300 型冻融试验机，该设备由苏州市东华实验仪器有限公司生产。冻融试验机是通过控制面板设置循环冻融参数，是一套高度自动化的设备。冻融实验机的冻结温度范围为 -15 ~ -40 ℃，融解温度范围为 +15 ~ +20 ℃，温度精度为 0.1 ℃，该试验机的自动循环冻融次数最高可达 999 次，达到预定的循环冻融次数之后，循环冻融会自动停止。冻结时，冻融箱内水被抽干，以空气为传热介质冻结试样；解冻时，抽水进入冻融箱内，以水为传热介质融解试样。其外形如图 2-6 所示。

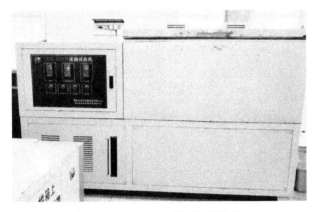

图 2-6　TDS-300 型冻融试验机

（2）核磁共振检测系统

本次试验中采用的核磁共振检测系统是上海纽迈电子科技有限公司研发的 MiniMR-60 型核磁共振系统。该系统是一种低场核磁共振检测系统，其主磁场为 0.3±0.05 T，可施加梯度为 0.03 T/m 的三向梯度磁场，磁体的温度控制范围为 25～35 ℃，默认的磁体温度为 32 ℃。该核磁共振检测系统是对 H 质子敏感的，因此，主要是借助检测饱水试样中水中的 H 质子分布情况来检测试样的内部细观结构。该系统的 H 质子的共振频率为 21.7 MHz，射频单元的脉冲频率范围为 1.0～49.9 MHz，精度为 0.1 MHz，射频单元的额定功率为 300 W。

真空饱和装置是核磁共振检测系统的附属设施，该真空饱和装置额定功率为 370 W，可产生 0.1 MPa 的负压，真空饱和时间可人为设置。核磁共振检测系统的实物图如图 2-7 所示。

图 2-7　核磁共振检测系统

（3）TD4-2 离心机

本次试验采用的离心机为长沙湘智离心机仪器有限公司的 TD4-2 离心机，离心机的额定电压为 220 V，额定功率为 100 W，最大转速为 4000 r/min，可控的转速精度为 1 r/min，定时范围为 99 h 59 min，可控的时间精度为 1 min。离心机内共有 4 个离心腔，呈对称布置，离心腔为柱状，内径 6 cm，单个离心腔的最大容量为 250 mL。其外形及内部结构如图 2-8 所示。

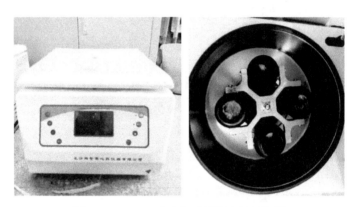

图 2-8　TD4-2 离心机外形及内部结构图

2.3.3　试验方案

（1）循环冻融试验方案

1）初始物理参数的测量

①开展循环冻融处理前，测定试样初始尺寸，为测定试样孔隙度做准备。

②尺寸测定结束后，将试样进行真空饱和，真空饱和气压采用 0.1 MPa，真空饱和 12 h，然后，浸泡在水中 24 h 使试样饱水。

③试样饱水后，采用核磁共振检测系统测定试样初始孔隙度及 T_2 分布。

2）冻融参数设置

参考相关文献，本次冻融试验的冻结状态和融解状态的时间均设置为 4 h。由于目标岩石取样地的冬季最低温为 -15 ~ -21 ℃，夏季平均气温为 25 ~ 30 ℃，且文献中常取 -20 ~ 20 ℃ 作为冻融温度范围，而岩石取样地温度范围与之相近，本次试验同样将冻结温度设置为 -20 ℃，融解温度设置为 +20 ℃。

3）岩石试样处理

由于岩体试样中含有贯通的单裂隙，为了保证冻融过程中裂隙内饱水，在冻融前将饱水试样的贯通裂隙用保鲜膜和透明胶带密封起来，并用注射器向裂隙内部注射满水，每隔一段时间向裂隙内补充注射。

4) 循环冻融处理

本次试验中将不同组试样的循环冻融次数分别设置为 0、20、40、60、80 和 100，当各组试样经历的循环冻融次数达到既定的次数后，将试样取出，进行后续的核磁共振检测。

（2）核磁共振检测方案

为了研究循环冻融作用下岩体内部细观结构的演化特征，对不同循环冻融后的类岩石试样开展核磁共振检测试验，方案如下：

①对经历不同循环冻融次数的试样进行饱水处理，处理方法如前文所述。

②采用油样和待测试样确定中心频率、带宽、回波个数等核磁测量参数。由于试样的孔隙度在 10% 以内，采用 0%～10% 的标准样，进行组样定标，方便将核磁信号的强度转化为孔隙度，然后对 3% 和 6% 标准样进行孔隙度测量，将测试结果与标准值进行对比，校核孔隙度的测试结果。

③为了减小试样表面水分残留和测试过程中水分蒸发引起的核磁测试结果误差，将试样从水中取出后，用毛巾仔细擦干试样表面的水分，立即用保鲜膜把试样包裹起来，即刻进行检测。由于试样含有预制裂纹，在输入试样的体积进行孔隙度计算时，要扣除预制裂纹的体积。最后将获取的孔隙度、T_2 谱等核磁参数导出。

④由于每经历 20 个循环冻融之后，设备中的磁场会发生变化，因此，每次对试样进行核磁共振测试时都需要按照以上流程重新操作。

（3）离心-核磁试验方案

为了确定核磁的 T_2 谱与岩石孔径之间转换系数，本书提出了一种离心与核磁检测相结合的孔径转换系数测定方法。离心-核磁试验是这种孔径转换系数测定方法的试验基础。具体的试验方案如下：

①将待测类砂岩试样制备成直径 50 mm，高 25 mm 的标准圆柱形试样，将试样放置在真空饱和装置中进行负压抽真空，真空饱水方式如前文所述。

②对饱水试样进行核磁测试，获得了岩石的饱和孔隙度和 T_2 谱曲线。

③将核磁共振测试后的饱水试样进行不同转速下的离心脱水。初始离心机转速设置为 200 r/min，离心时间设置为 90 min（离心 90 min 以上，孔隙度基本无变化），完成后即为一次离心。离心过程中用保鲜膜包住试样，防止水分蒸发。离心转速增长幅度设置为 200 r/min，直至达到其峰值转速。每次离心后对试样进行核磁共振测试，获取不同转速的离心作用下的孔隙度。

④将 T_2 谱反演的毛细管压力-进水累积饱和度曲线和离心法获取的毛细管压力-进水累积饱和度曲线进行拟合，以确定 T_2 谱和孔径分布的最佳转换系数。

2.4　T_2 与孔径转换研究

T_2 谱反映了材料中各孔径孔隙的分布信息和孔隙间的连通情况。这些信息的获取需要构建 NMR 的 T_2 谱和材料真实孔径之间的关联。T_2 和孔径 r 之间的关系可表达为：

$$\frac{1}{T_2} \approx \rho_2 \frac{S}{V} = \rho_2 \frac{F_S}{r} \tag{2-1}$$

式中：T_2 为横向弛豫时间，单位为 ms；ρ_2 为材料的表面弛豫强度，单位为 $\mu m/ms$；$\dfrac{S}{V}$ 为孔隙表面积与体积之比，单位为 m^{-1}；F_S 为孔隙的形状因子，对于球形孔，取值为 3，对于柱状孔，取值为 2；r 为孔隙孔径，单位为 μm。

简化后，上式可改写为：

$$r = CT_2 \tag{2-2}$$

式中：C 为孔径转换系数，单位为 $\mu m/ms$。

岩体的表面弛豫强度或者孔径转换系数是关联 T_2 和孔径的重要参数，也是量化地分析岩体细观结构的关键参数。然而，在实验研究中，它们的取值一般按照经验值进行选取。Lawrence 认为多孔岩石材料的表面弛豫强度范围一般在 1 至 10 $\mu m/ms$ 之间。Li 认为中国砂岩的孔径转换系数一般为 0.01 至 0.15 $\mu m/ms$ 的范围内。张二锋选取 5 $\mu m/ms$ 为灰砂岩表面弛豫强度用以将灰砂岩的 T_2 值转换为孔径。李杰林在将冻融花岗岩的 T_2 谱分布转化为孔径分布时，同样选取 5 $\mu m/ms$ 为花岗岩的表面弛豫强度。Li 在分析充填体的孔径分布特征时，参考混凝土的表面弛豫强度，取值为 12 $\mu m/ms$。

由于表面弛豫强度和孔径转换系数是岩体的基本物性参数，受岩体的种类、产地、所受地质、风化作用等多因素影响，因此按照经验或者参照类似岩体去确定该参数可能会有较大的误差，对揭示孔径结构十分不利。本节提出一种联合核磁共振检测和试样多级离心的孔径转换系数确定方法。

2.4.1　理论基础

以毛管压力为基础的孔隙空间结构表征是通过不同驱替压力下对应的不同比例孔隙度被驱替成分驱替(驱替物饱和度)反映的。压汞法是对烘干的岩样注入汞(非润湿相)，用汞驱替试样中的空气。压汞时，压汞压力和毛管压力平衡，压汞压力越大，越小孔径的孔隙被压入汞，孔隙大于该孔径的孔隙空间被反映。离心法是对饱水的岩样进行分级离心脱水(润湿相)，用空气驱替试样中的水。离心时，离心力和毛管压力平衡，离心力越大，越小的孔径的孔隙被压入空气，大于该孔径的孔隙空间也被反映。核磁共振则可以直接通过孔隙度累积曲线构建 T_2 和水饱和度之间的关联。这三种方法之间通过毛管压力曲线构建相互之间的关系。

毛管压力曲线是毛管压力和润湿相（或非润湿相）饱和程度之间的关系曲线，它和驱替物侵入试样的孔径之间关系如式(2-3)所示：

$$P_c = \frac{2\sigma_w \times \cos\theta}{r} \tag{2-3}$$

式中：P_c 为毛管压力，单位为 MPa；r 为孔径，单位为 μm；σ_w 为界面张力，汞为 49.4 N/cm^2，水为 7.2 N/cm^2；θ 为润湿接触角，汞为 140°，水为 0°。

根据核磁共振原理，岩石孔径和 T_2 值之间的关系如式(2-2)所示，将式(2-2)代入式(2-3)，水的毛管压力与核磁共振 T_2 谱之间的函数关系表达为：

$$P_c = 2\sigma_w \times \cos\theta/r = 2\sigma_w\cos\theta/CT_2 \tag{2-4}$$

进水饱和度是某一时刻的进水量和饱和状态下的进水总量的比值。通过饱水岩样的 T_2 谱可计算岩样的进水饱和度，进水累积饱和度与核磁共振 T_2 谱之间的函数关系可表达为：

$$S_w = \frac{\sum_0^{T_2} \varphi_c}{\varphi} \tag{2-5}$$

式中：$\varphi = \sum_0^{T_n} \varphi_c$；$S_w$ 为进水累积饱和度，单位为%；φ_c 为孔隙度分量，单位为%；φ 为饱和孔隙度，单位为%；T_n 为 T_2 谱的最大值。

以 T_2 为桥梁，结合式(2-4)和式(2-5)，可获取基于 T_2 谱反演的毛管压力进水累积饱和度 (P_c-S_w) 曲线。

试样的离心脱水过程中(图2-9)，当离心力和毛管压力达到平衡，岩石试样内的离心力与毛管压力平衡时的表达式如下所示：

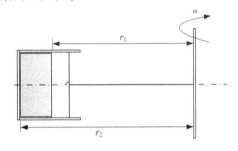

图 2-9　试样离心示意图

$$P_r = P_c = \frac{1}{2} \times \Delta\rho \times \omega^2 \times (r_2^2 - r_1^2) \tag{2-6}$$

式中：P_r 为离心力，单位为 MPa；$\Delta\rho$ 为水和空气的密度差，约为 1000 kg/m^3；ω 为离心机转盘角速度，单位为 rad/s；r_1、r_2 分别为试样内端和外端到离心机轴线的距离,单位为 m。

测定每次离心后孔隙度,以离心后的试样孔隙度除以饱水孔隙度来计算进水累积饱和度 S_w。离心速度可转化为离心平衡时的毛管压力,将不同毛管压力下的进水累积饱和度相连,即可获得毛管压力-进水累积饱和度曲线。

将 T_2 谱反演获得的毛管压力-进水累积饱和度曲线和离心法获得的毛管压力-进水累积饱和度曲线进行最小二乘法拟合。拟合误差的计算方法如下

$$\delta = \frac{1}{n} \times \sum_1^n (y - yx_i)^2 \qquad (2-7)$$

式中:δ 为拟合误差;n 为试验中的数据点数;y 为毛管压力-进水累积饱和度曲线实验值;$y(x_i)$ 为毛管压力-进水累积饱和度曲线的拟合值。

2.4.2 孔径转换系数确定与验证

孔径转换系数的计算步骤如下:

①取 3 块试样,将待测定的岩石材料制成规则的圆柱形试样,半径为 25 mm,厚 25 mm。将岩石试样进行真空饱水。

②对饱水试样进行核磁共振测试,获得饱水试样的 T_2 谱,以 T_2 谱反演获得试样的毛管压力-进水累积饱和度曲线。

③将测试后的饱水试样在不同转速下离心脱水,第一次离心的转速为 200 r/min,每次的增量为 200 r/min,最大离心转速为 3600 r/min,每次离心的时间为 90 min,离心过程中用保鲜膜包住试样,尽可能减少水分蒸发。每种转速离心完毕后,进行核磁共振测试,获取不同转速离心作用下的含水率。每次离心后,将试样的离心力转化成毛管压力,试样含水率转化成进水饱和度,获取试样的毛管压力-进水累积饱和度曲线。

④对步骤②中获得的 T_2 谱反演的毛管压力-进水累积饱和度曲线和步骤③中离心法获取的毛管压力-进水累积饱和度曲线进行拟合,获得孔径转换系数,反演计算试样孔径分布。

⑤对试样进行压汞试验验证本方法的结果。将压汞试验获得的毛管压力-进汞累积饱和度曲线和 T_2 反演获得的毛管压力-进水汞累积饱和度曲线进行拟合,获得压汞法的孔径分布与 T_2 谱之间的孔径转换系数,通过对比两者的转换系数和孔径分布,验证核磁-离心法确定的转换系数的有效性。

孔径转换系数的计算和验证方法的流程如图 2-10 所示。

对饱和试样进行初始的 NMR 测试,得到的 T_2 谱分布如图 2-11 所示。将饱水试样的 T_2 分布参数分别代入式(2-4)和式(2-5),得到以 T_2 谱反演的试样的毛管压力-进水累积饱和度曲线,如图 2-12 所示。

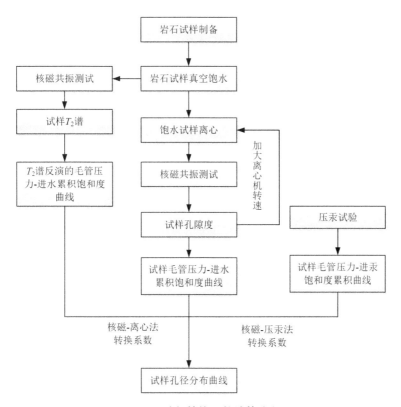

图 2-10　孔径转换系数计算流程图

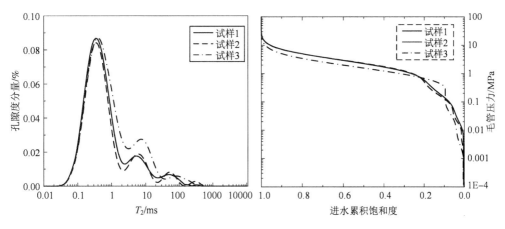

图 2-11　试样饱水时的 T_2 分布

图 2-12　基于 T_2 谱反演的试样
毛管压力-进水累积饱和度曲线

对不同转速离心后的试样进行孔隙度测试,并以孔隙度为参数代入式(2-5)中,计算不同转速下试样进水累积饱和度,同时对不同转速的离心平衡状态下的离心力(毛管压力)按照式(2-6)进行计算,计算结果如表2-1所示。

表2-1 不同离心转速下试样的进水累计饱和度和毛管压力计算结果统计

转速/(r·min⁻¹)	毛管压力/MPa	进水累积饱和度			转速/(r·min⁻¹)	毛管压力/MPa	进水累积饱和度		
		试样1	试样2	试样3			试样1	试样2	试样3
0	0.0000	0.0000	0.0000	0.0000	2000	0.1508	0.2062	0.2070	0.2066
200	0.0015	0.0095	0.0545	0.0399	2200	0.1825	0.2085	0.2078	0.2082
400	0.0060	0.0253	0.1261	0.0678	2400	0.2172	0.2093	0.2099	0.2096
600	0.0136	0.1327	0.1380	0.1353	2600	0.2549	0.2100	0.2119	0.2110
800	0.0241	0.1754	0.1584	0.1669	2800	0.2956	0.2133	0.2181	0.2157
1000	0.0377	0.1801	0.1601	0.1701	3000	0.3393	0.2306	0.2291	0.2299
1200	0.0543	0.1817	0.1601	0.1709	3200	0.3860	0.2480	0.2402	0.2441
1400	0.0739	0.1848	0.1670	0.1759	3400	0.4358	0.2508	0.2470	0.2489
1600	0.0965	0.1864	0.1874	0.1869	3600	0.4886	0.2575	0.2538	0.2557
1800	0.1221	0.2038	0.2061	0.2050					

根据表2-1中的数据绘制了毛管压力-进水累积饱和度曲线如图2-13所示。由于本书中所采用的离心机是低速离心机,受离心机转速限制,本次试验中所能达到的最大离心力(毛管压力)为0.4886 MPa左右,对应的进水累积饱和度只能达到25%左右。由于压汞法在进汞压力较小,进汞饱和度较小的情况下,对试样的孔径表征更为准确,因此,本书也仅对毛管压力-进汞饱和度曲线前25%进行分析。对试样进行压汞试验,获得压汞曲线前25%(见图2-14)。

由图2-15和图2-16可知,通过离心法、核磁 T_2 反演和压汞法所获取的毛管压力-进水(汞)累积饱和度曲线之间在形态上和变化趋势上表现出较好的一致性。离心法和压汞法所获得的曲线与核磁 T_2 反演曲线之间的转换系数为0.1~2。进一步地对转换系数进行逼近,将离心法和压汞法所得到曲线和NMR反演的曲线在不同的转换系数下进行逼近,获得拟合误差与转换系数之间的关系如

图 2-17 和图 2-18 所示。可知核磁-压汞法所获得的最佳转换系数均值为 0.55 μm/ms，核磁-离心法获得最佳转换系数的均值为 0.48 μm/ms。

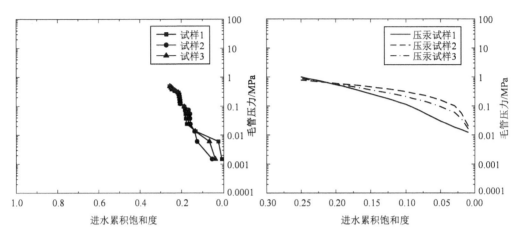

图 2-13   离心试验获得的毛管
压力-进水累积饱和度曲线

图 2-14   压汞法获得的毛管
压力-进汞饱和度累积曲线

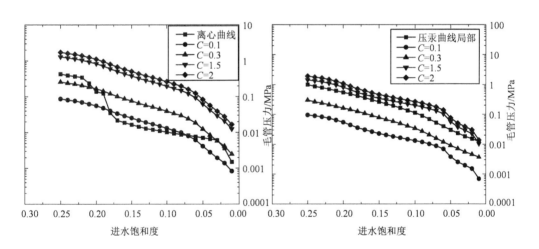

图 2-15   不同转换系数下的毛管
压力-进水累积饱和度曲线

图 2-16   不同转换系数下毛管
压力-进汞饱和度累积曲线

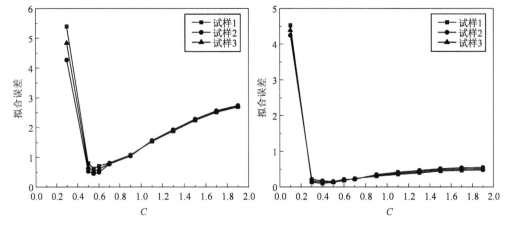

图 2-17 核磁-压汞法的 C 拟合误差图   图 2-18 核磁-离心法的 C 拟合误差图

表 2-2 两种方法获得的孔径转换系数

试样编号	最佳转换系数 C	
	核磁-压汞法	核磁-离心法
1	0.55	0.45
2	0.55	0.50
3	0.55	0.50
平均值	0.55	0.48

图 2-19 对本书中提出的核磁-离心法与核磁-压汞法以及压汞法获得的孔径分布曲线进行对比，结果发现，本书提出的转换系数所确定的孔径分布曲线与核磁-压汞法和压汞法得到的孔径分布曲线的变化趋势十分一致，没有因为只采用了 25% 的毛管压力-进水累积饱和度曲线而影响孔径转换结果。

核磁-离心法和核磁-压汞法获得的孔径分布特征与压汞法获得的孔径分布特征在 1 μm 以上的孔径范围内很好地吻合。在孔径范围小于 1 μm 的孔隙的分布中，基于核磁共振的测定方法测出了更多的小孔，而压汞法的孔径分布曲线相比另外两种方法的更加偏左。经过分析，核磁-离心法与核磁-压汞法测出的孔径分布应该是更可信的，一是因为核磁共振是一种无损的孔隙结构探测方法，它的测定范围也比压汞更大，在小孔的测定上具有更加精准的特点，相反，压汞法适用于大孔的结构探测，并且在测定过程中的高压会损伤、改变试样的原有的结构，因此对于小于 100 nm 的孔隙结构不再适用，这是造成本方法测得的孔径结构在小孔范围内与压汞法有所区别的主要原因。

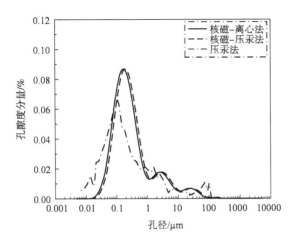

图 2-19　不同方法测得的试样孔径分布对比图

2.5　冻融作用下岩体的孔隙度演化规律

孔隙度表征着岩体内部孔隙结构发育的整体情况，其数值的大小与岩体内部的损伤存在着关联。图 2-20 和图 2-21 为不同循环冻融作用后的岩体 T_2 谱的分布特征和演化规律。T_2 谱的下覆面积代表着孔隙度。

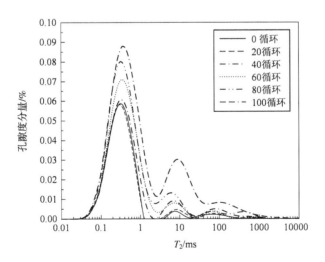

图 2-20　不同循环冻融作用后的岩体 T_2 谱分布演化

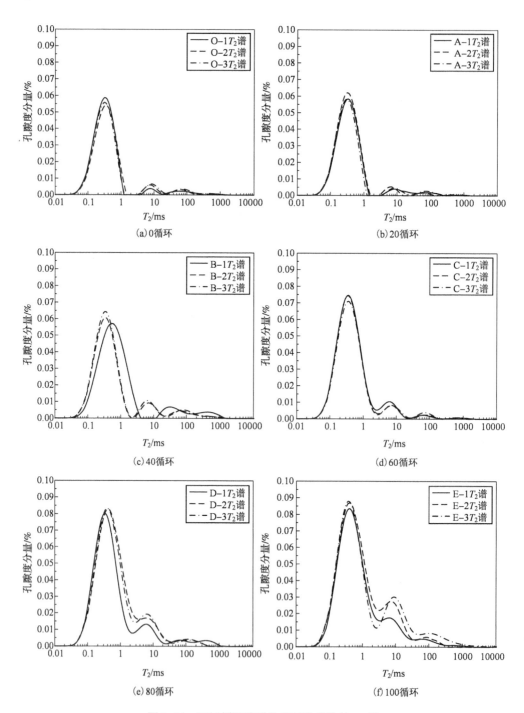

图 2-21　不同循环冻融作用后的岩体的 T_2 谱

由图 2-21 可知，从孔隙的尺寸变化上看，随着循环冻融次数的增加，T_2 谱的最小值没有变化，最大值呈现出增大的趋势，说明在冻融作用下岩体孔隙的最大尺寸得到了增长。从孔隙数量变化上来看，岩体的 T_2 谱呈现出三个谱峰，代表着三个孔径集中的孔隙群，在循环冻融作用下，孔隙度分量随循环冻融次数的增加而增大，表示孔径数量随着循环冻融次数的增加有增长的趋势。

对岩体的孔隙度进行定量分析，发现岩体的孔隙度随着循环冻融次数的增加呈现显著的增长趋势。未经历循环冻融的岩体孔隙度的均值为 3.186%，经历 20、40、60、80 和 100 个循环冻融之后，试样的孔隙度分别达到 3.356%、3.913%、4.461%、5.449%、6.408%，孔隙度的增长量分别为 5.336%、22.819%、45.669%、71.030%、101.13%。结合图 2-22 可知，岩体的孔隙度随循环冻融的增加近似线性增长。但是，在冻融作用的前期，孔隙度的增长速率相对较慢，而冻融作用的后期增长速率相对较快。这是因为岩石的冻融过程中受到冻胀力和岩体中的分凝和渗流等多重作用的影响，在冻融作用的早期，由于试样的初始孔隙度相对较小，孔隙度的连通性和渗透率较差，可给冻融作用提供的冻胀力作用场所和渗流通道较少。冻融过程中的岩体的损伤和孔隙结构发育是一个渐进累积的过程，孔隙度的增加为后续的冻融作用提供了更好的条件，冻胀力作用场所和渗流通道较少都会有相应的增长，因此，后期的孔隙度相对前期增长更快一些。

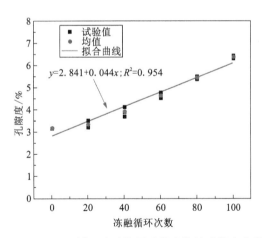

图 2-22　不同循环冻融作用后的岩体的孔隙度变化

针对岩体中裂隙的倾角对孔隙度的影响，本章选取了有不同倾角裂隙，经历 100 个循环冻融之后的孔隙度进行了分析。如图 2-23 所示，随着裂隙倾角的增加，试样的孔隙度呈现出波动的趋势。当试样裂缝的倾角为 0° 时，试样的孔隙度均值为 6.408%，当裂隙的倾角至 30° 时，孔隙度增加至 7.238%，45° 时下降至

6.042%，60°时则进一步下降至5.640%，当裂隙倾角为90°时，孔隙度则上升至6.840%。以有30°和60°的倾角的试样为例，二者的裂隙产状与试样的轴向方向是对称的，冻融作用对两组试样的作用理论上来说应当是一致的，但是从孔隙度的结果上来看，二者的孔隙度并不一致，可能是试样本身的差异性造成的。综上所述，试样中不同倾角的裂隙对冻融过后的试样孔隙度的影响没有呈现明显的规律性。

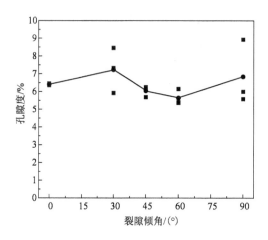

图 2-23　100 循环冻融作用后有不同裂隙倾角的岩体孔隙度变化

2.6　岩体内孔径分布演化规律

不同尺寸的孔隙在岩体的内部有不同的作用，比如有些孔吸附着不同状态的水分，有些孔是岩体内部的导水、导气、导油通道，有些孔对岩体的力学特性是无害的，有些孔则是有害的。这些孔承担的功能和表现出来的属性与其孔径直接相关，不同孔径孔隙所占的比例表征着岩体内部细观结构，也直接影响岩体的物理力学特性，因此，研究岩体内的孔径分布规律具有重要意义。

对于孔径的分类，目前尚未形成统一的标准。Martin 将岩石的孔径分成三类，对应的孔径范围为：纳米孔的孔径小于 0.05 μm，微孔的孔径介于 0.05 μm 和 100 μm 之间，大孔的孔径大于 100 μm。Yan 将花岗岩的孔径也划分为小孔、中孔和大孔，对应孔径范围为 $r<0.01$ μm，0.01 μm$\leqslant r\leqslant 1$ μm 和 $r\geqslant 1$ μm。Yan 将砂岩的孔径划分为小孔、中孔和大孔 3 类：大孔孔径 $r\geqslant 1$ μm，中孔孔径范围为 $0.1\sim1$ μm，小孔孔径 $r<0.1$ μm。由于本书中选取的试样原型为砂岩，因此本文

选取的孔径划分如下：小孔 $r < 0.1~\mu m$、中孔 $0.1 \sim 1~\mu m$ 和大孔 $r \geqslant 1~\mu m$。结果见图 2-24。

谱面积表征的是岩体内部的孔隙度，与孔隙内的流体体积成正比。因此，不同孔径范围内的谱面积也就代表着不同孔径范围内的流体体积，不同孔径范围内的谱面积的表征如图 2-25 所示。对不同类型的孔隙的谱面积进行统计计算，结果如图 2-26 和图 2-27 所示。

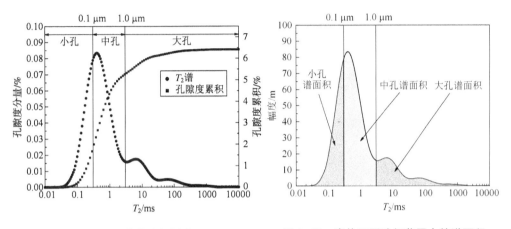

图 2-24　岩体孔径划分图　　　　　图 2-25　岩体不同孔径范围内的谱面积

由于谱面积的大小与孔隙度是正相关的，且不同循环冻融及裂隙倾角下的试样的孔隙度在上一节中进行了相关分析，因此，总谱面积的变化规律与孔隙度的变化规律保持一致，本节不再对总谱面积进行分析。图 2-26 展示了小孔、中孔和大孔在经历了不同次数循环冻融之后的谱面积的变化。

从三类孔隙的谱面积的大小来看，小孔的谱面积的变化范围为 542.46 ~ 781.69，中孔谱面积的变化范围为 1299.81 ~ 2621.83，大孔谱面积的变化范围为 175.37 ~ 1184.95。从谱面积的大小上来看，中孔所占的谱面积一直最大，小孔的谱面积在前期大于大孔，随着循环冻融次数的增加，大孔的谱面积反超小孔的谱面积。

从三种孔隙的谱面积随循环冻融的演化来看，它们表现出不同的变化趋势。其中，小孔的谱面积随着循环冻融次数的增加在 600 左右波动，未呈现出明显的增长或者下跌趋势。分析认为，小孔隙在冻融过程中一直在萌生和发育。一方面，在冻融影响下，新的孔隙在试样的内部萌生，使小孔数量和尺寸增加，从而增大了小孔的谱面积；另一方面，一部分小孔在冻融作用下进一步发育，孔径进一步增大，生长成中孔，这部分小孔隙扩展是造成小孔谱面积降低的原因。在双

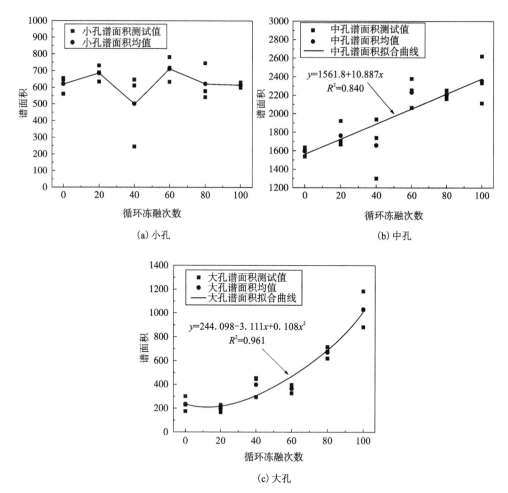

图 2-26　不同孔径孔隙谱面积随循环冻融次数的变化规律

重作用下，小孔的谱面积呈现出波动的变化规律。

　　中孔的谱面积增长显著，并且随着循环冻融次数的增加呈现出线性增长的趋势。中孔谱面积均值从最初的 1595.35 增长至 2357.03，总共增长 761.68，增长率为 47.74%。中孔谱面积的稳定增长来源于小孔隙和中孔隙的持续发育。

　　在三类孔隙中，大孔隙谱面积随着循环冻融作用增长最显著。由图 2-26 可知，冻融作用下大孔谱面积的增长呈二次函数的形式，谱面积由最初的 235.48 增长至 1032.60，增幅为 797.12，增长率达到 338.51%。这是因为大孔隙是所有其他类型发育的最终形态，已有的中孔和大孔的发育使大孔的谱面积增长，而且岩体的损伤是个累积的过程，随着冻融作用的深入，试样的内部结构因损伤的累积更容易发生破坏，大孔隙谱面积的增长速率也因此呈现快速增大的趋势。

图 2-27 为裂隙倾角对不同孔径的谱面积的影响。由图可知，在经历了 100 循环冻融之后，中孔的谱面积最大、大孔的谱面积次之，小孔的谱面积最小，不随着裂隙倾角的变化而变化。但是，无论是小孔还是大孔的谱面积均随着裂隙倾角的增加而波动，未呈现明显的规律性；中孔的谱面积较为离散，但是就均值而言，同样未显现出明显规律性。为此，下文不再对裂隙倾角对岩体细观结构的影响进行进一步分析。

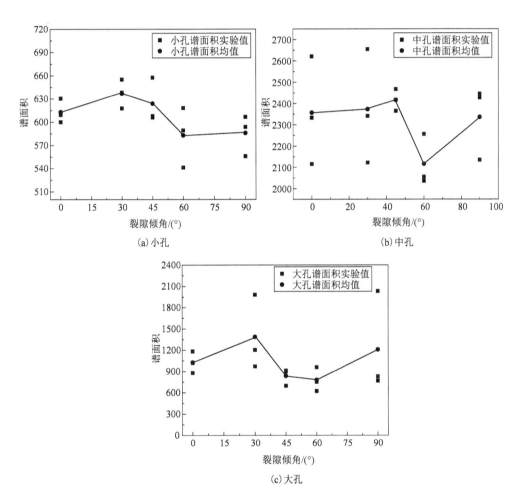

图 2-27　冻融 100 次后不同孔径孔隙谱面积随裂隙倾角变化规律

图 2-28 为不同类型孔隙的谱面积占比随循环冻融次数的变化情况。由图 2-28 可知，在三类孔隙当中，中孔孔隙的谱面积占比一直是最大的，超过了

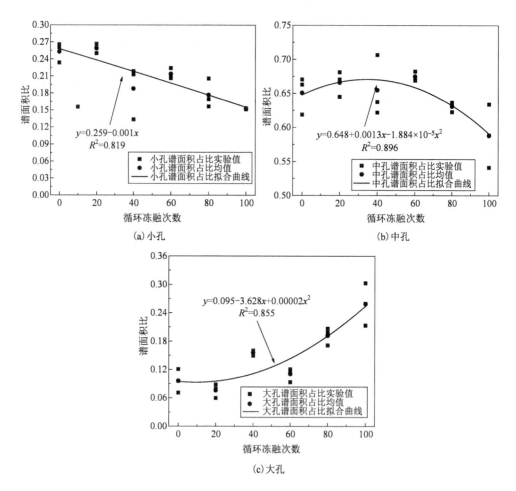

图 2-28　不同孔径孔隙的谱面积占比随循环冻融次数的变化规律

50%，小孔孔隙的谱面积占比在冻融初期远大于大孔孔隙的谱面积占比，在冻融作用的后期，大孔孔隙的谱面积占比反超小孔孔隙的谱面积占比。

　　从三种孔隙度的谱面积占比变化来看，小孔谱面积的占比随着循环冻融次数的增加而呈现出线性下降的趋势，由最初的 25.32% 下降至最终的 15.32%。中孔孔隙的谱面积占比的变化趋势则呈现出先上升后下降的趋势，最初的占比为 65.08%，经历了 60 循环冻融后，达到峰值 67.47%，最后下降至 58.80%。大孔的谱面积占比则呈现出了加速增长的趋势，由最初的 9.59% 上升至 25.88%。通过分析，发现小孔谱面积占比的下降主要是因为岩体的总谱面积直线增长，而小孔的谱面积无显著增长所导致的。中孔的谱面积占比在 60 循环冻融之前增长，是因为小孔发育而形成中孔的速率大于中孔发育而形成大孔的速率。在 60 循环冻融之后，中孔发育形成大孔的速率增大，造成中孔的谱面积占比较快下降，大孔的谱面积占比也快速上升。

2.7　冻融作用下岩体渗透率的演化规律

渗透率反映了岩体内部孔隙结构的连通性，是表征岩体细观结构的重要物理参数，也对岩体的力学特性有着重要的影响。因此，本书也从渗透率的变化探究岩体的细观结构变化。

基于核磁共振技术发展出来的岩体渗透率计算模型主要有两种，分别是 SDR 模型和 Coates 模型，本书中采用了常用的 SDR 模型对岩体的渗透率进行计算。在 SDR 模型中，渗透率可表示为。

$$K_{\text{SDR}} = C\varphi^m T_{2\text{lm}}^n \tag{2-8}$$

式中：K_{SDR} 为渗透率，单位为 mD；φ 为孔隙度，单位为%；$T_{2\text{lm}}$ 为 T_2 谱的几何平均值，单位为 ms；C、m 和 n 为统计参数，其经验值分别为 4，2，10。

结合上式(2-8)和岩体试样的 T_2 谱，计算获得不同循环冻融作用下的岩体渗透率，如图 2-29 所示。由图 2-29 可知，岩体的渗透率随着循环冻融次数的增加而呈指数型增长。当未经历冻融作用时，岩体的渗透率为 $0.22×10^{-4}$ mD，随

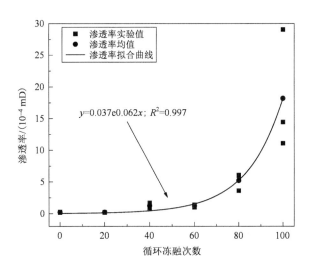

图 2-29　岩体渗透率与循环冻融次数之间的关系

着循环冻融作用次数增加，渗透率的均值分别为 0.22×10^{-4} mD、1.24×10^{-4} mD、5.22×10^{-4} mD 和 18.20×10^{-4} mD。这表明渗透率增长可以分为前期的缓增长阶段和后期的快增长阶段两个阶段。当循环冻融次数小于 60 时，岩体的渗透率仅从 0.22×10^{-4} mD 增长至 1.24×10^{-4} mD，增长率为 463.63%，当循环冻融次数达到 100 时，岩体的渗透率从 1.24×10^{-4} mD 增长至 18.20×10^{-4} mD，增长率为 1367.74%。

由于渗透率是岩体内部孔隙连通性的表征，岩体的孔隙度与渗透率密切相关。由图 2-30 可知，随着孔隙度增加，岩体的渗透率同样以指数的趋势增加。同样地，当岩体的孔隙度较小时，其渗透率随着孔隙度的增长速率是缓慢的。这是因为在循环冻融次数较小时，岩体内部的孔隙是以小孔和中孔为主的，这两种的孔隙的尺寸相对岩体试样的尺寸而言很小，在岩体内部的分布也相对比较均匀的，此时，只有岩体内部少量的大孔隙之间的连通为渗流提供了通道。因此，在循环冻融的初期，岩体的渗透率很小。在经历了 40~60 次的循环冻融作用之后，岩体的孔隙度增长至 4%~4.5%，大孔的谱面积以及谱面积占比快速增长，在此阶段，大孔隙快速发育，大孔隙之间也开始连接、贯通，新的导水渗透通道也快速形成，因此，岩体的渗透率在此阶段快速增长。

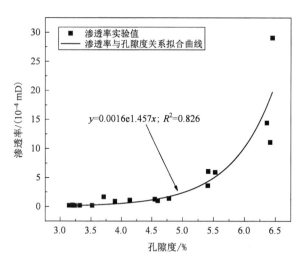

图 2-30　岩体的渗透率与孔隙度之间的关系

第 3 章　循环冻融下岩体的静力学特性研究

3.1　概述

自然界中的岩土材料是各种矿物成分和不同尺度的缺陷的组合体。在这些缺陷中，微观的孔隙、空洞等缺陷的尺寸远小于矿物颗粒的尺寸，可以视为均匀分布于岩土材料内部，对岩土材料的结构影响很小。在地质构造、风化、工程扰动等内外因素的作用下，岩土材料内部会产生宏观的节理、裂隙，甚至断层等缺陷，这些宏观缺陷的尺寸大于岩土的矿物颗粒尺寸，在岩土材料内部对岩块进行切割、分离，对岩土材料的力学特性造成显著的影响。

对于冻融影响下的岩体而言，裂隙的倾角、尺寸等结构参数的变化不仅改变了岩体试样的均质性，给岩体试样造成宏观的损伤，还为冻融作用的发生提供了空间。在冻融损伤和裂隙的宏观损伤耦合作用下，冻融作用下岩体的力学特性进一步发生改变，而这耦合损伤对岩体工程的各种力学特性均有影响。岩体的压缩特性是研究的重点，然而，压缩只是造成岩土结构破坏和失稳的原因之一，拉伸和剪切也是造成工程破坏失稳的重要因素。因此，本章对冻融作用下岩体进行静态加载，分别开展了含不同倾角裂隙的标准试样单轴压缩试验和含中心直裂纹在不同加载方向下的劈裂实验，研究了循环冻融次数和裂隙倾角对岩体压缩力学和拉伸特性的影响，并且分析了循环冻融次数对 I 型和 II 型静态断裂韧度的影响规律。

3.2 试验设备及方案

3.2.1 试样准备

在本章的静力学试验中，包括静态单轴压缩试验和静态劈裂试验。本章中所采用的试样为前文所预制的含预制裂隙的类岩石试样。静态单轴压缩试验采用的试样为第 2 章中第 1 系列的试样，试样为圆柱状，直径为 50 mm，高为 100 mm，在试样的中心部位预制了直裂纹，裂纹的宽度为 15 mm，厚度为 1 mm，裂隙沿着试样的径向方向贯通。本次试验中设置的裂隙倾角有五组，分别为 0°、30°、45°、60° 和 90°。当裂隙的宽度方向与试样端面平行时，裂隙的角度为 0°，裂隙的宽度方向与加载的方向一致，即与试样端面垂直时，裂隙的角度为 90°。静态单轴压缩试验采用的岩体试样的实物见图 2-5，示意图如图 3-1 所示。

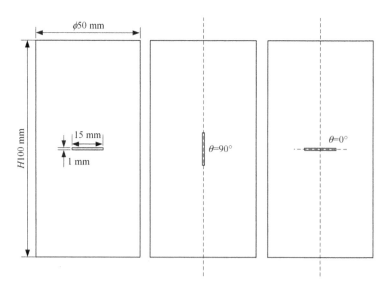

图 3-1　静态单轴压缩岩体试样（第 1 系列试样）示意图

静态劈裂试验采用的试样为第 2 章中第 2 系列试样，为圆柱状，试样直径为 50 mm，高为 50 mm。本批试样的裂纹是直裂纹，宽度为 15 mm，厚度为 1 mm，裂隙沿着试样的轴向贯通。在本次试验中，设置裂隙的宽度方向与试样的加载方向垂直时，裂隙的角度为 0°；裂隙的宽度方向与加载的方向一致，与加载的端面垂直时，裂隙的角度为 90°。研究表明，当裂隙倾角为 90° 时，劈裂为纯 Ⅰ 型断裂，裂隙倾角为 62.8°(裂隙与加载方向成 27.2°)时，劈裂为纯Ⅱ型断裂。因此，本次试验中采用 62.8°倾角代替 60°倾角。本次试验中设置的裂隙倾角有五组，分别为 0°、30°、45°、62.8°和 90°。静态劈裂试验采用试样的实物图见图 2-6，示意图如图 3-2 所示。

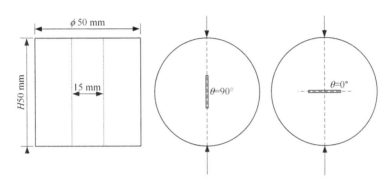

图 3-2 静态劈裂的中心直裂纹巴西圆盘试样(第 2 系列试样)示意图

3.2.2 试验设备

本次静态压缩和劈裂试验用到的实验仪器包括 BGZ-70 型 BOXUN 鼓风烘干箱和 WHY-300 型微机控制压力试验机，其中，鼓风烘干箱用于试样的水分烘干，WHY-300 型微机控制压力试验机用于岩体试样的压缩和劈裂。由于这些仪器在 2.2.2 节中有介绍，在此不再赘述。

3.2.3 试验方案

(1)静态单轴压缩试验方案

冻融作用下岩体的静态单轴压缩试验的试验方案及步骤如下：

①试样烘干。静态单轴压缩试验对象是核磁共振检测后的岩体试样，因此需对核磁测试后的饱和试样进行烘干处理，去除含水量对力学性质的影响。烘干所采用的仪器是鼓风烘干箱，为减少高温对类岩石试样的影响，设置烘干温度为 60 ℃，烘干时间设置为 24 h，使其质量恒定。

②单轴压缩试验。本次的单轴压缩试验采用 WHY-300 型微机控制压力试验机。试验基本流程为：试验设备检查、试验参数设置、压缩试验开展、数据导出和破坏形态记录。在试验参数设置方面，本次试验采用的加载方式为轴向位移控制方式，位移加载速率为 0.1 mm/min，最终获得试样的应力应变曲线、峰值应力、峰值应变、弹性模量等力学参数。

（2）静态劈裂试验方案

冻融后的中心直裂纹巴西圆盘劈裂试验的方案和步骤如下：

①试样烘干。静态劈裂试验试样也要烘干处理，烘干方式和上文一致。

②确定劈裂加载方向。以中心直裂纹的宽度方向为基准方向，过试样中心绘制和基准方向不同夹角的径向线段，径向线段的两端与试样外缘的交点即为试样加载点。分别绘制 0°、30°、45°、62.8°和 90°倾角所对应的径向线段，确定加载方向。其中，90°倾角（0°夹角）加载时可计算获得的是纯 I 型断裂韧度、62.8°倾角（27.2°夹角）加载时获得的是纯 II 型断裂韧度，45°、60°和 90°夹角加载获得的是不同角度下的劈裂强度。

③静态劈裂试验。静态劈裂试验采用 WHY-300 型微机控制压力试验机，更换劈裂夹具后进行试样的静态劈裂实验。采用的试验流程和参数设置依照上文的单轴压缩试验，最终获得试样的载荷位移曲线、峰值劈裂强度等力学参数。

3.3 冻融作用下岩体的静态压缩力学特性

循环冻融作用和裂隙倾角对岩体的静态力学特性有重要影响，本节基于静态单轴压缩试验结果研究了循环冻融作用和裂隙倾角对岩体的应力应变曲线、峰值应力、弹性模量、峰值应变等力学特性的影响，以揭示不同循环冻融作用和不同裂隙倾角下岩体的静力学特性的演化规律。

3.3.1 不同循环冻融下岩体的压缩力学特性

（1）应力应变曲线

冻融作用下岩体的应力应变曲线包含孔隙压密阶段、线弹性阶段、塑性阶段和峰后阶段。图 3-3 为不同循环冻融下的含 0°倾角裂隙岩体的应力-应变曲线。由图 3-3 可知，在孔隙压密阶段，试样的孔隙压密阶段随着循环冻融次数的增加而延长。这是因为循环冻融作用促进岩体试样内部的孔隙结构不断萌生、发展，使得试样内部的孔隙度随循环冻融作用次数的增加而不断增加（见第 3 章）。在静态单轴压缩载荷的作用下试样内部的孔隙结构率先闭合，孔隙压密段随着循环冻融次数的增加而延长。在线弹性阶段，试样的应力随着应变而线性增加，但是线弹性阶段的斜率随循环冻融次数的增加而减小。同样地，冻融作用下岩体的峰值应力也随着循环冻融次数的增加而降低。这表明循环冻融作用造成的试样内部的损伤累积不断地削弱岩体试样的力学特性。

由图 3-3 可知，岩体试样的应力-应变曲线在线弹性阶段的后期和塑性屈服阶段之间存在明显的应力跌落，这种应力跌落的幅度未呈现出明显的规律。这主

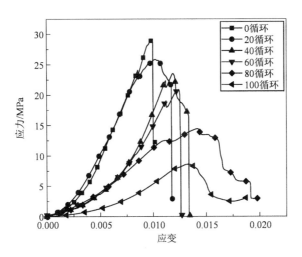

图 3-3　不同循环冻融下的含 0°倾角裂隙岩体的应力-应变曲线

要是因为在强荷载作用下，试样中预制裂隙附近的应力集中区域裂纹突然发展，试样内部发生短暂的应力卸荷所造成的。

在应力-应变曲线的峰后段，曲线的峰后应力跌落方式随着循环冻融次数的增加而发生变化。0 循环时，峰后的应力跌落方式为快速线性跌落；在经历了 20~60 次循环冻融后的应力跌落逐渐转化为曲线→直线的跌落方式；80 次循环冻融作用后，冻融作用下岩体试样的跌落方式转变为跌落较缓慢的曲线跌落方式。峰后曲线变化规律说明岩体在循环冻融作用下逐渐由脆性向延性转化。

（2）峰值应力

对试样进行单轴压缩试验，获得了含不同倾角的试样在经历不同次数的循环冻融作用后的峰值应力。由于试样较多，仅列出峰值应力的均值。不同倾角裂隙和循环冻融下试样静态单轴压缩峰值应力均值统计表如表 3-1 所示。

表 3-1　不同倾角裂隙和循环冻融下试样静态单轴压缩峰值应力均值统计表

循环冻融次数	倾角/(°)	峰值应力均值/MPa	循环冻融次数	倾角/(°)	峰值应力均值/MPa
0	0	27.24	20	0	23.75
	30	23.07		30	20.15
	45	21.35		45	19.00
	60	23.57		60	20.96
	90	28.16		90	25.02

续表3-1

循环冻融次数	倾角/(°)	峰值应力均值/MPa	循环冻融次数	倾角/(°)	峰值应力均值/MPa
40	0	21.52	60	0	17.74
	30	18.65		30	16.29
	45	17.54		45	14.39
	60	18.28		60	16.43
	90	23.74		90	20.44
80	0	10.75	100	0	9.39
	30	11.50		30	6.66
	45	12.14		45	5.60
	60	13.7		60	7.79
	90	13.33		90	7.71

由图 3-4 可知，内含不同倾角裂隙的岩体峰值强度均随着循环冻融次数的增加而近似线性减小。以裂隙倾角为 0°的一组试样为例，由图 3-4(a)和表 3-1 可知，经历 0 循环的试样的峰值应力的均值为 27.24 MPa，在经过 20 次的循环冻融作用后，峰值应力的均值降至 23.75 MPa，降幅为 12.81%，在 40、60、80 和 100 次循环冻融后，峰值应力分别降至 21.52 MPa、17.74 MPa、10.75 MPa 和 9.39 MPa，降幅分别为 21.00%、34.88%、60.58%和 65.53%。

对图 3-4(a)进一步分析可以发现，试样在冻融后期的峰值应力下降比前期稍快，但是这种现象在静态单轴加载时不明显。以经历 0 循环的试样的峰值应力随循环冻融次数的衰减为例，经历 60 循环冻融后，峰值应力总共下降 34.88%，在经历 80 循环冻融后，峰值应力下降至 60.58%。这是因为随着循环冻融次数的增加，岩体内部各种类型的孔隙结构逐渐发育，孔隙度随着循环冻融次数的增加而不断增加，内部的冻融损伤也不断累积，矿物颗粒间的胶结程度也在冻融作用下不断降低，最终导致冻融作用下岩体的峰值应力更快下降。

(3)峰值应变

表 3-2 为各试样静态单轴压缩下的峰值应变均值统计表，本节仅分析循环冻融对峰值应变的影响。

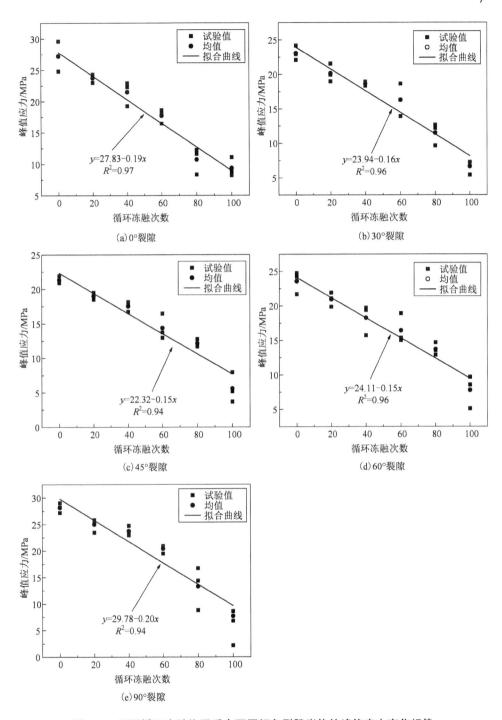

图 3-4　不同循环冻融作用后含不同倾角裂隙岩体的峰值应力变化规律

表 3-2　各试样静态单轴压缩下的峰值应变均值统计表

循环冻融次数	倾角/(°)	峰值应变均值	循环冻融次数	倾角/(°)	峰值应变均值
0	0	0.0110	20	0	0.0111
	30	0.0122		30	0.0123
	45	0.0126		45	0.0127
	60	0.0117		60	0.0121
	90	0.0093		90	0.0100
40	0	0.0112	60	0	0.0130
	30	0.0129		30	0.0157
	45	0.0132		45	0.0157
	60	0.0127		60	0.0152
	90	0.0112		90	0.0124
80	0	0.0152	100	0	0.0174
	30	0.0182		30	0.0181
	45	0.0192		45	0.0214
	60	0.0187		60	0.0200
	90	0.0133		90	0.0136

由图 3-5 可知，峰值应变随着循环冻融次数的增加而呈现出缓升→速升的非线性增加的特征。以含裂隙倾角为 0° 的一组试样为例，由图 3-5(a) 和表 3-2 可知，经历 0 循环的试样的动态峰值应变的均值为 0.011，在经过了 20 次的循环冻融作用之后，峰值应变的均值升至 0.0111，增幅为 0.91%，在 40、60、80 和 100 循环冻融之后，动态峰值应变分别增至 0.0112、0.0130、0.0152 和 0.0174，增幅分别达到 1.82%、18.18%、38.18% 和 58.18%。

分析认为，峰值应变随着循环冻融次数的增加而呈现出缓升→速升的非线性特征，主要是由两个方面的因素造成的。一是因为在冻融早期岩体试样内快速增加的孔隙主要是小孔和中孔，而在外载荷作用下可压缩的大孔增加缓慢，因此，在冻融作用的早期，岩体试样的可压缩空间相对较少，造成孔隙压密阶段较短。二是循环冻融作用导致的试样内部损伤，软化了试样内部结构，劣化了试样的力学承载能力，在相同的外载荷作用下，岩体试样的变形更大。在上述两种作用的影响下，冻融作用下岩体的峰值应变呈现出缓升→速升的非线性变化特征。

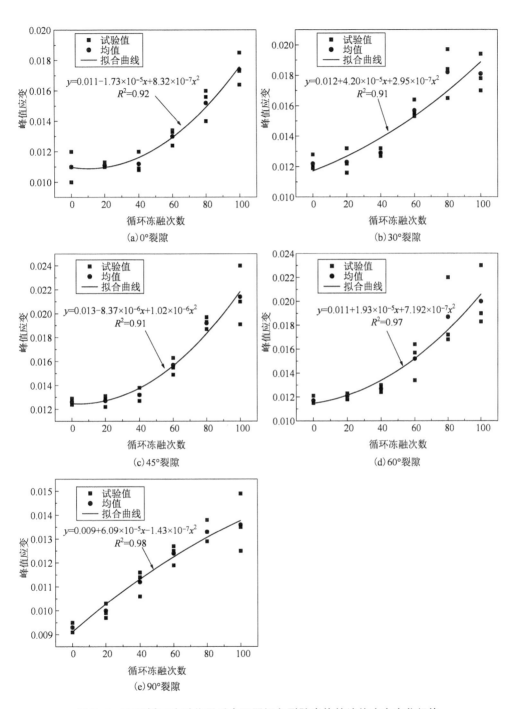

图 3-5　不同循环冻融作用后含不同倾角裂隙岩体的峰值应变变化规律

（4）弹性模量

表 3-3 统计了各试样静态单轴压缩下的弹性模量均值，本节仅分析循环冻融对弹性模量的影响，裂隙倾角对弹性模量的影响规律在下节进行分析。

表 3-3　各试样静态单轴压缩下的弹性模量均值统计表

循环冻融次数	倾角/(°)	弹性模量均值/GPa	循环冻融次数	倾角/(°)	弹性模量均值/GPa
0	0	3.68	20	0	3.03
	30	2.96		30	2.37
	45	2.43		45	2.13
	60	2.81		60	2.47
	90	3.86		90	3.1
40	0	2.84	60	0	2.17
	30	2.14		30	1.65
	45	1.95		45	1.30
	60	2.07		60	1.53
	90	3.48		90	2.54
80	0	1.05	100	0	0.93
	30	1.01		30	0.61
	45	0.94		45	0.40
	60	1.31		60	0.58
	90	1.58		90	0.65

由图 3-6 可知，含不同倾角裂隙岩体的弹性模量均随循环冻融次数增加而线性降低。以裂隙倾角为 0° 的一组试样为例，由图 3-6（a）和表 3-3 可知，经历 0 循环的试样的动态弹性模量的均值为 3.68 GPa，在经过了 20 次的循环冻融作用后，弹性模量应变的均值降至 3.03 GPa，降幅为 17.66%，在 40、60、80 和 100 循环冻融之后，弹性模量应变分别降至 2.84 GPa、2.17 GPa、1.05 GPa 和 0.93 GPa，降幅分别达到 22.83%、41.03%、71.47% 和 74.73%。这是冻融损伤在岩体内部的损伤逐渐累积所导致的。

弹性模量的大小表征了岩体在外载荷作用下抵御变形的能力，弹性模量的降低表明冻融作用下岩体在外载荷作用下抵御变形能力的下降。分析认为，造成冻融作用下岩体的弹性模量的线性降低主要是两方面原因。首先，循环冻融作用所

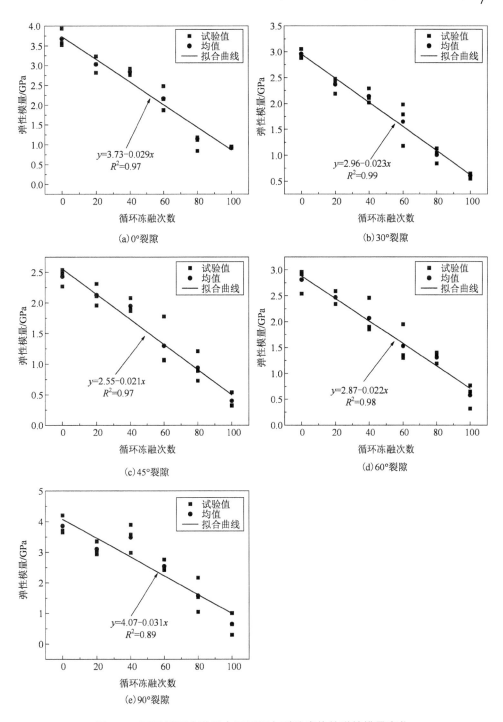

图 3-6 不同循环冻融后含不同倾角裂隙岩体的弹性模量变化

产生的冻胀力不断挤压孔隙结构，使孔隙不断萌生与发育，孔隙结构的不断发育，造成岩体试样内部可承载外力作用的结构不断减少。此外，反复作用的温差效应造成岩样内部的矿物成分和胶结物质反复收缩与膨胀，不断劣化了材料中的胶结物质和矿物成分，胶结物质和矿物成分的承载结构因此不断软化。综上所述，随着循环冻融次数的增加，岩体在外载荷作用下抵御变形的能力不断下降，岩体试样的弹性模量也不断降低。

3.3.2　不同倾角岩体冻融作用下的压缩力学特性

（1）应力-应变曲线

由图 3-7 可知，含有不同倾角裂隙的岩体包含典型的孔隙压密阶段、线弹性变形阶段、塑性破坏阶段和峰后阶段。在应力-应变曲线峰前阶段，都存在因为预制裂隙附近的应力集中区域的裂纹突然发展，导致试样内部发生短暂应力卸荷所造成的应力短暂跌落现象，这是岩体试样内部裂隙局部发展的表征。

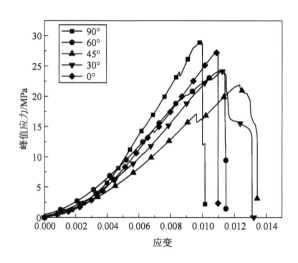

图 3-7　经历 0 循环冻融含不同倾角
裂隙岩体的单轴压缩应力-应变曲线

由于宏观裂隙的存在，导致加载时岩体试样的受力结构发生改变，含有不同倾角裂隙的岩体试样的应力应变曲线也有所差别。由图 3-7 可知，当岩体内部裂隙倾角为 90°时，峰值应力和线弹性阶段的斜率最大，而峰值应变最小。当岩体内部裂隙倾角为 45°时，峰值应力和线弹性阶段的斜率最小，而峰值应变最大。岩体的静力学特性随着其内含的裂隙倾角的变化呈现出一定的规律。这些力学参数的变化主要是因为宏观裂隙的存在和倾角的变化改变了岩体试样内部的受力结构和破坏形态。以下分别分析裂隙倾角对各力学参数的影响。

（2）峰值应力

如图 3-8 所示，裂隙倾角影响下不同循环冻融后的峰值应力变化趋势基本一致，随着裂隙倾角的增加，峰值应力先降低后增加，呈 V 形变化。总体上看，在所有试样中，含 90°裂隙试样的峰值应力的均值最大，其次是倾角为 0°的试样，然后是含有 60°或者 30°倾角的试样，含 45°倾角的试样的峰值应力的均值最小。

以经历 0 循环冻融的一组试样为例，当裂隙倾角为 90°时，峰值应力的均值为 28.16 MPa，当倾角分别为 0°、30°、60° 和 45° 时，峰值应力均值分别为 27.24 MPa、23.07 MPa、23.57 MPa 和 21.35 MPa，它们分别为 90°倾角的峰值应力均值的 96.73%、81.92%、83.70%和 75.82%。

试样的峰值应力的变化主要是由于裂隙倾角改变了试样的应力状态和破坏方式所引起的。结合 3.6 节中的试样破坏特性，分析认为，当裂隙倾角为 0° 和 90° 时，裂隙的存在造成试样内部裂隙周边区域的应力重新分布和应力集中，但是没有为形成剪切裂纹提供便利，当轴向应力达到较高水平时，会沿着裂隙应力集中区域形成拉伸裂纹，最终造成拉伸破坏。但是，当裂隙倾角为 45°时，在单轴压缩应力下，预制裂隙周边的应力场接近试件内部的最大有效剪切应力（$\theta = \dfrac{\pi}{4} + \dfrac{\text{arctan}\mu}{2}$ 时有效切应力最大，μ 为泊松比，本试验的 θ 约为 51.5°）。因此，45°预制裂纹的存在为试样内部形成剪切裂纹提供了极为有利的条件，结合下文 3.6 节可知，裂纹倾角为 45°时，试样的破坏以剪切破坏为主导，伴随着拉伸裂纹。在轴向应力下，新生裂纹受 45°预制裂纹的引导作用，更加容易产生和贯通，因此，裂纹为 45°时，峰值应力最小。裂隙倾角为 30°和 60°时，受力和破坏状态介于两者之间，因此，峰值应力也在两种状态之间。

由图 3-8(e) 和图 3-8(f) 可知，随着循环冻融达到 80 次以上后，试样峰值应力随着裂隙倾角的变化幅度变小，并且变化趋势不再明显。分析认为，可能是多次的循环冻融作用造成岩体试样内部的大孔隙和小缺陷不断累积，削弱了宏观裂纹给岩体试样带来的结构改变所导致的。

（3）峰值应变

如图 3-9 所示，裂隙倾角影响下不同循环冻融后的峰值应变和峰值应力的变化趋势相反，随着裂隙倾角的增加，峰值应变先增加后降低，呈倒 V 形变化。在所有试样中，含 90°裂隙试样的峰值应变的均值最小，其次是倾角为 0°的试样，然后是含 60°或者 30°倾角的试样，含 45°倾角的试样的峰值应变的均值最大。

以经历 0 循环冻融的一组试样为例，当裂隙倾角为 90°时，峰值应变的均值

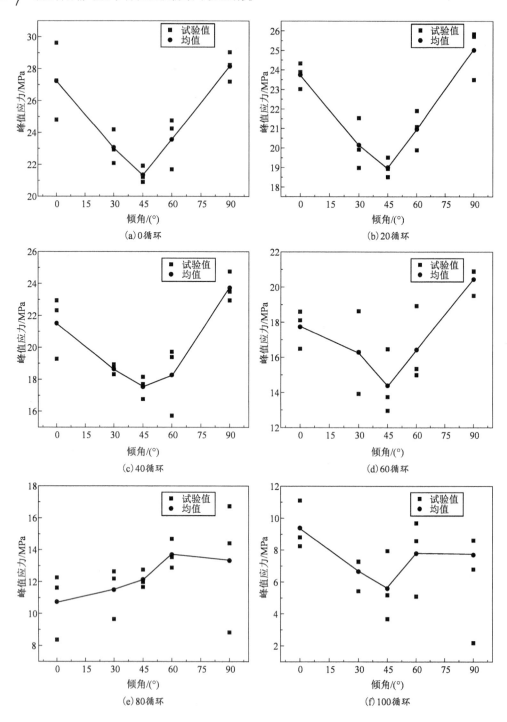

图 3-8　含不同倾角裂隙岩体不同冻融作用后的峰值应力变化

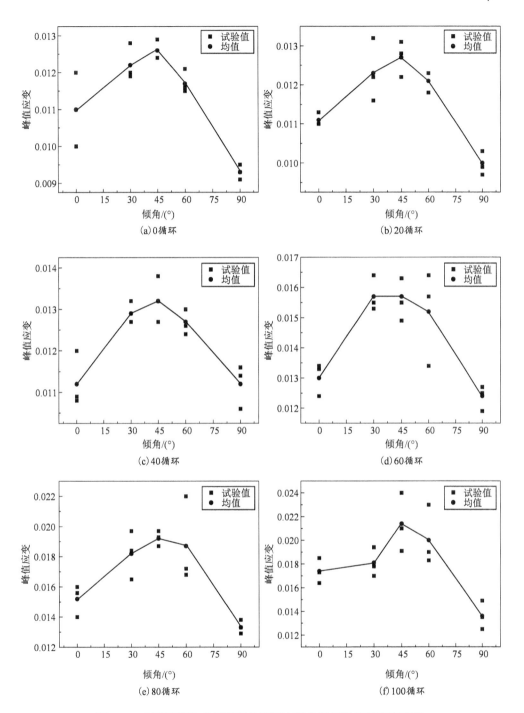

图 3-9　含不同倾角的裂隙岩体不同冻融作用后的峰值应变变化

为 0.0093，当倾角分别为 0°、30°、60° 和 45° 时，峰值应力均值分别为 0.0110、0.0122、0.0117 和 0.0126，它们分别为 90° 倾角的峰值应力均值的 118.28%、131.18%、125.81% 和 135.48%。

分析认为，当裂隙的倾角为 0° 或 90° 时，岩体试样的破坏是以拉伸破坏为主，试样受到纵向压缩与横向张拉作用，破坏主要是由横向张拉所引起的，纵向压缩作用相对较小，因此，试样的峰值应变较小。当裂隙倾角在 45° 左右时，试样同样受到纵向压缩与横向张拉作用的影响，但是，此时的破坏主要是以剪切为主导，体现纵向压缩作用的主导地位，在纵向压缩下发生剪切滑动，此时的峰值应变较大。裂隙倾角为 30° 和 60° 时，受力和破坏状态介于两者之间，因此，峰值应变也在两种状态之间。

(4) 弹性模量

如图 3-10 所示，裂隙倾角影响下不同循环冻融后的弹性模量和峰值应力的变化趋势一致，随着裂隙倾角的增加，弹性模量先降低后增加，呈 V 形变化。以经历 0 循环冻融的一组试样为例，当裂隙倾角为 90° 时，弹性模量的均值为 3.86 GPa，当倾角分别为 0°、30°、60° 和 45° 时，弹性模量均值分别为 3.68 GPa、2.96 GPa、2.81 GPa 和 2.43 GPa，它们分别是 90° 倾角的峰值应力均值的 95.34%、76.68%、72.80% 和 62.95%。

弹性模量表征的是岩体试样抵御变形的能力，即发生单位应变所需的应力。当裂隙倾角为 90° 时，试样的受力和变形状态和完整试样最接近，此时的弹性模量在不同的倾角的试样之间是最大的。当裂隙倾角为 0° 时，试样的受力和变形状态和完整试样也是类似的，但是由于岩桥的宽度较小，弹性模量比 90° 倾角试样小。当试样内的裂隙倾角为 45° 时，由于受 45° 倾角的裂隙影响，试样倾向于沿着裂隙面方向发生剪切破坏，含 45° 裂纹的岩体试样剪切滑移更加容易，因此，试样抵抗轴向变形的能力减弱，更加容易产生轴向位移，此时的弹性模量在不同的倾角的试样之间是最小的。裂隙倾角为 30° 和 60° 时，受力和破坏状态介于两者之间，因此，弹性模量也在两种状态之间。

由图 3-10(e) 和图 3-10(f) 可知，循环冻融次数达到 80 之后，试样弹性模量随着裂隙倾角的变化趋势不再明显，分析认为，这种现象与峰值应力中出现的现象一样，可能是多次的循环冻融作用造成岩体试样内部的大孔隙和小缺陷不断累积，削弱了宏观裂纹给岩体试样带来的结构改变所导致的。

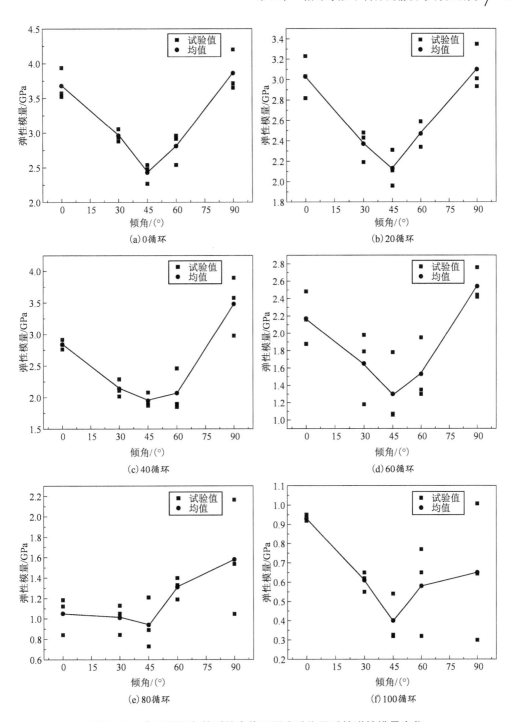

图 3-10　含不同倾角的裂隙岩体不同冻融作用后的弹性模量变化

3.4 冻融作用下岩体的静态断裂特性

岩体破坏失稳常与岩体的不同类型断裂相关(图3-11),以岩土工程和实验中的相关现象为例,滑坡类型中的崩塌和倾倒属于Ⅰ型断裂,滑动和流滑属于Ⅱ型或者Ⅰ-Ⅱ组合断裂;常见的拉张破坏属于Ⅰ型断裂,剪切破坏属于Ⅱ型断裂。很多工程中的破坏失稳就是材料的断裂失效所引起的。拉伸强度和断裂韧度(MPa·m$^{1/2}$)是表征岩石断裂特性的参数,本节对冻融作用下岩体的拉伸强度和断裂韧度进行分析。

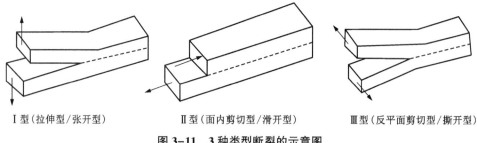

Ⅰ型(拉伸型/张开型)　　　Ⅱ型(面内剪切型/滑开型)　　　Ⅲ型(反平面剪切型/撕开型)

图 3-11　3 种类型断裂的示意图

断裂韧度是表征岩石断裂特性的关键参数,其数值的求取方法也是多样的,包含三点弯曲试验、半圆盘试验和中心直裂纹巴西圆盘试验等。其中,三点弯曲和半圆盘试样仅能获取岩石的Ⅰ型断裂韧度,而中心直裂纹巴西圆盘试验可以通过调整试样的加载角度,获取Ⅰ型、Ⅱ型及Ⅰ-Ⅱ型复合的断裂韧度,在断裂韧度的求取过程中有独特的优势。因此,通过调节中心直裂纹巴西圆盘试样的加载角度,既可以研究倾角对拉伸强度的影响,又可以获得试样的Ⅰ型和Ⅱ型断裂韧度。本节通过对中心直裂纹巴西圆盘试样进行不同角度的加载,研究冻融作用和裂隙倾角对岩体拉伸强度、Ⅰ型和Ⅱ型断裂韧度的影响。

3.4.1 不同循环冻融下岩体的断裂力学特性

为了研究循环冻融和裂隙的倾角对试样劈裂特性的影响。本节对经历了不同循环冻融的中心直裂纹巴西圆盘进行劈裂试验,以研究循环冻融作用对试样的拉伸强度、Ⅰ型和Ⅱ型断裂韧度的影响。

特别需要注意的是,岩石的抗拉强度是通过对完整巴西圆盘试样进行巴西劈裂获得的,但是本次试验中采用的是中心直裂纹巴西圆盘,本文借助完整巴西圆盘的拉伸强度计算公式来求取中心直裂纹巴西圆盘的拉伸强度来表征中心直裂纹的劈裂力学特性，但是所求强度并非真正的拉伸强度，仅用于比较裂隙倾角和循环冻融次数对劈裂力学特性的影响。

（1）载荷-位移曲线

图 3-12 为含 62.8°倾角裂隙的中心直裂纹巴西圆盘位移-载荷曲线随着循环冻融次数的变化规律。由图 3-12 可知，巴西圆盘的载荷-位移曲线同样包括压密段、线性变形阶段、裂纹扩展阶段和峰后阶段。图 3-12 表明，除了峰值载荷随循环冻融次数表现出相关的规律性外，峰值位移未显现出明显的规律性，而巴西圆盘的载荷-位移曲线的线性阶段的斜率没有相应的物理意义。因此，仅对峰值载荷进行分析。

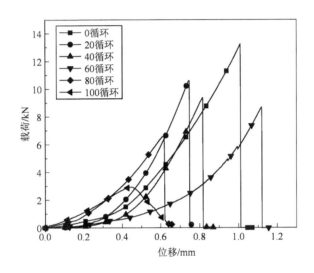

**图 3-12 不同循环冻融后含 62.8°倾角裂隙（Ⅱ型断裂）
的中心直裂纹巴西圆盘位移-载荷曲线**

由图 3-12 可知，随着循环冻融次数的增加，含中心直裂纹巴西圆盘的峰值载荷不断下降。从试件峰后的载荷跌落情况来看，在 80 循环冻融之前，试件峰后的载荷为线性跌落，而在 100 循环冻融之后，试件峰后的载荷转变为曲线形式的跌落，这表明试件在经历 100 循环冻融后由脆性断裂转变为延性断裂。至于裂隙倾角对中心直裂纹的劈裂特性的影响，本章只关注裂隙倾角对拉伸强度的影响。

（2）循环冻融对拉伸强度的影响

当采用完整的巴西圆盘进行巴西劈裂以计算试样的拉伸强度时，采用式（3-1）进行计算：

$$\sigma_t = \frac{P_{max}}{\pi R H} \tag{3-1}$$

式中：P_{max} 为峰值载荷；R 为试样的半径；H 为试样的厚度。

本文中，中心直裂纹巴西圆盘的强度也采用式(3-1)计算，但是需要特别注意的是，该强度并非真正意义上的拉伸强度，本文仅用该值对比。

采用式(3-1)计算获得的含不同倾角的中心直裂纹巴西圆盘随循环冻融作用的拉伸强度的均值统计如表3-4所示。

表3-4　不同裂隙倾角中心直裂纹巴西圆盘在不同循环冻融下的拉伸强度均值统计表

循环冻融次数	倾角/(°)	拉伸强度均值/MPa	循环冻融次数	倾角/(°)	拉伸强度均值/MPa
0	0	3.44	20	0	3.14
	30	3.20		30	2.97
	45	3.03		45	2.89
	60	3.00		60	2.77
	90	2.87		90	2.65
40	0	2.95	60	0	2.72
	30	2.79		30	2.41
	45	2.75		45	2.60
	60	2.62		60	2.45
	90	2.41		90	2.29
80	0	2.43	100	0	1.94
	30	1.93		30	0.75
	45	1.95		45	1.44
	60	1.99		60	0.87
	90	1.25		90	0.45

由图3-13可知，内含不同倾角的试样拉伸强度均随着循环冻融次数的增加呈现出二次函数降低的特征。以裂隙倾角为0°的一组试样为例，由图3-13(a)和表3-4可知，经历0次循环的试样的拉伸强度均值为3.44 MPa，在经过20次的冻融作用之后，动态峰值应力的均值降至3.14 MPa，降幅为8.72%，在40、60、80和100次循环冻融之后，动态峰值应力分别降至2.95 MPa、2.72 MPa、2.43 MPa和1.94 MPa，降幅分别达到14.24%、20.93%、29.36%和43.60%。

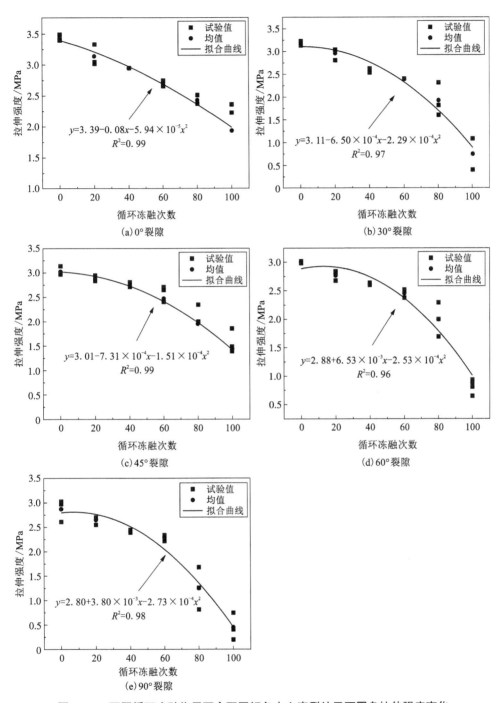

图 3-13 不同循环冻融作用下含不同倾角中心直裂纹巴西圆盘拉伸强度变化

对图 3-13 进一步分析可以发现，试样在冻融后期的拉伸强度下降比前期快，但是这种现象在静态加载时不明显。以裂隙倾角为 0°的试样的拉伸强度随循环冻融次数的衰减为例，经历 80 次循环冻融后，峰值应力总共下降 29.36%，在经历 100 次循环冻融后，峰值应力下降至 43.60%。这是因为随着循环冻融次数的增加，岩体内部各种类型的孔隙结构逐渐发育，孔隙度随着循环冻融次数的增加而不断增加，内部的冻融损伤也不断累积，矿物颗粒间的黏结力也在冻融作用下不断降低，最终导致冻融作用下岩体的拉伸强度在早期下降慢，而冻融后期更快速地下降。

（3）裂纹倾角对拉伸强度的影响

图 3-14 展示了含不同倾角中心直裂纹巴西圆盘在不同循环冻融作用后的拉伸强度变化。该图表明，不同循环冻融后的拉伸强度随着裂隙倾角的增加呈线性降低的变化趋势。以经历 0 循环冻融的一组试样为例，当裂隙倾角为 0°时，拉伸强度的均值最大，为 3.44 MPa，当倾角分别为 30°、45°、60°和 90°时，拉伸强度均值分别为 3.20 MPa、3.03 MPa、3.00 MPa 和 2.87 MPa，它们的均值分别降低了 6.98%、11.92%、12.79%和 16.57%。

此外，由图 3-14(e)和图 3-14(f)可知，随着循环冻融次数达到 80 之后，试样拉伸强度随着裂隙倾角的增加，其变化趋势不明显，分析认为，这种现象可能是多次的循环冻融作用造成岩体试样内部的大孔隙和小缺陷不断累积，削弱了宏观裂纹给岩体试样带来的结构改变所导致的。

3.4.2　不同循环冻融下岩体的 I 、II 型断裂韧度

由上文可知，当裂纹和加载方向为 0°（即裂纹倾角为 90°），中心直裂纹巴西圆盘的断裂即为 I 型断裂；当裂纹和加载方向成 27.2°（即裂纹倾角为 62.8°），中心直裂纹巴西圆盘的断裂即为 II 型断裂。因此可以分别利用裂纹倾角为 90°和 62.8°的中心裂纹巴西圆盘的劈裂结果来计算试样的 I 型和 II 型断裂韧度。

当采用准静态的方法去计算中心直裂纹巴西圆盘的断裂韧度时，其表达式如式(3-2)所示：

$$K_{SI} = F \frac{P_{max}}{\pi RH} \sqrt{\pi a} \tag{3-2}$$

式中：K_{SI} 为准静态法计算的中心直裂纹的断裂韧度；P_{max} 为峰值载荷；R 为试样的半径；H 为试样的厚度；a 为中心直裂纹的半长；F 为相关系数，可以通过查表差值的方法查到，本文中为 1.14。

采用式(3-2)计算获得经过不同循环冻融作用试样的 I 型及 II 型断裂韧度的均值统计如表 3-5 所示。

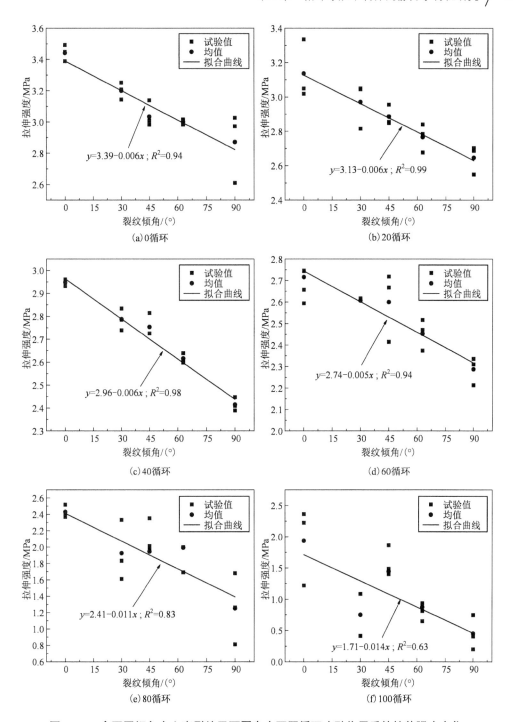

图 3-14　含不同倾角中心直裂纹巴西圆盘在不同循环冻融作用后的拉伸强度变化

表 3-5　中心直裂纹巴西圆盘在不同循环冻融下拉伸强度的均值统计表

循环冻融次数	Ⅰ型断裂韧度均值/(MPa·m⁻¹ᐟ²)	Ⅱ型断裂韧度均值/(MPa·m⁻¹ᐟ²)
0	0.50	0.52
20	0.46	0.48
40	0.42	0.46
60	0.40	0.43
80	0.22	0.35
100	0.08	0.14

图 3-15 展示了试样的 Ⅰ 型静态断裂韧度随循环冻融次数的变化规律。结合上表 3-5 和图 3-15 可知，试样的 Ⅰ 型静态断裂韧度随着循环冻融次数的增加而非线性下降。当循环冻融次数为 0 时，Ⅰ 型断裂韧度的均值为 0.50 MPa·m$^{1/2}$，当试样分别经历了 20、40、60、80 和 100 次循环后，试样的动态劈裂强度分别下降至 0.46 MPa·m$^{1/2}$、0.42 MPa·m$^{1/2}$、0.40 MPa·m$^{1/2}$、0.22 MPa·m$^{1/2}$ 和 0.08 MPa·m$^{1/2}$，降幅分别为 8.00%、16.00%、20.00%、56.00% 和 84.00%。Ⅰ 型静态断裂韧度随着循环冻融次数的增加，下降速度呈现出缓降→速降的趋势，它们之间的关系可用二次多项式进行拟合。

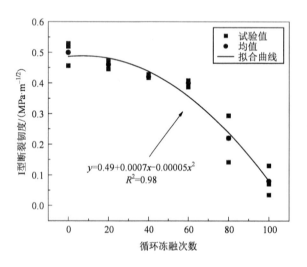

图 3-15　试样的 Ⅰ 型静态断裂韧度随循环冻融次数的变化规律

Ⅰ型静态断裂韧度的非线性降低趋势与裂纹附近的岩体冻融损伤情况和试样的受力密切相关。由上文可知，随着循环冻融的不断进行，试样内部的中孔和大孔不断增加，试样内部的胶结力不断下降，损伤不断累积。从对试样的细观结构影响最大的大孔来看，在冻融初期，大孔孔隙度增长较慢，而在冻融后期，大孔孔隙度快速增加。从冻融作用下岩体的压缩和劈裂力学特性来看，虽然表现不是十分明显，但是试样在冻融后期的力学特性衰减比前期快。当试样发生Ⅰ型断裂时，裂纹尖端区域受到拉张应力。受冻融作用的影响，裂纹尖端附近的冻融损伤增加和颗粒间的胶结力的衰减均呈现出早期慢而后期快的特征。因此，在张拉应力作用下，拉伸断裂在裂纹尖端的应力集中区域随着循环冻融次数的增加更加容易形成，Ⅰ型静态断裂韧度也随着循环冻融次数的增加而加速下降。

图 3-16 为试样的Ⅱ型静态断裂韧度随循环冻融次数的变化规律。由上表 3-5 和图 3-16 可知，试样的Ⅱ型静态断裂韧度与Ⅰ型静态断裂韧度的变化趋势相似，也是随着循环冻融次数的增加而非线性下降。当循环冻融次数为 0 时，Ⅰ型断裂韧度的均值为 0.52 MPa·m$^{1/2}$，当试样分别经历了 20、40、60、80 和 100 次循环后，试样的动态劈裂强度分别下降至 0.48 MPa·m$^{1/2}$、0.46 MPa·m$^{1/2}$、0.43 MPa·m$^{1/2}$、0.35 MPa·m$^{1/2}$ 和 0.14 MPa·m$^{1/2}$，降幅分别为 7.69%、11.54%、17.31%、32.69% 和 73.08%。Ⅱ型静态断裂韧度的下降同样呈现出缓降→速降的趋势，它们之间的关系可用二次多项式进行拟合。

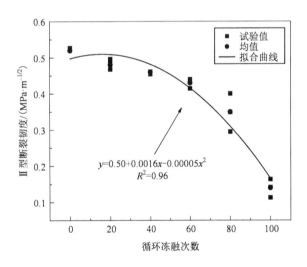

图 3-16　试样的Ⅱ型静态断裂韧度随循环冻融次数的变化规律

Ⅱ型静态断裂韧度的这种非线性降低趋势形成的原因与Ⅰ型静态断裂的原因的是一致的。不同的是，由上文的试验结果可知，试样在经历了不同次数的冻融作用后，其Ⅱ型静态断裂韧度稍大于Ⅰ型静态断裂韧度，并且Ⅱ型静态断裂韧度随循环冻融次数的增加而下降的幅度也小于Ⅰ型静态断裂。分析认为，这是由两种断裂的性质所决定的。Ⅰ型断裂是张拉断裂，而Ⅱ型断裂是剪切断裂。在发生Ⅰ型断裂时，张拉作用能很好的利用循环冻融形成的孔隙结构，在张拉应力作用下，孔隙更加容易扩展和贯通；在发生Ⅱ型断裂时，剪切作用反而可能会对孔隙结构进行压缩，一定程度上抑制冻融损伤和孔隙的贯通。

3.5 冻融作用下岩体孔隙结构与力学参数关联分析

3.5.1 孔隙结构与静态压缩力学参数关系

岩体试样内部的孔隙结构对于其力学性质有重要的影响，因此，本节对试样的孔隙结构和静态压缩力学特性之间的关系进行分析。但是，不同孔径的孔隙与试样的力学特性之间的关联性存在差异。由于弹性模量、峰值应力、峰值应变等压缩和劈裂等力学参数与不同类型孔隙之间的关联性比较类似。本文以经历了不同循环冻融的岩体弹性模量为例，分析了不同类型孔隙与弹性模量的关系。

如图 3-17 所示，小孔的谱面积与冻融作用下岩体的弹性模量之间没有表现出明显的变化趋势，而弹性模量和中孔谱面积、大孔谱面积以及总的谱面积之间均表现出较为明显的关联性。其中，大孔谱面积与弹性模量的相关性最高，其次为总谱面积，中孔谱面积与弹性模量的相关性最小，相关系数分别为 0.80、0.75 和 0.64。这表明试样的弹性模量受大孔的影响最大。大孔对其他的力学参数的影响也是所有类型孔隙中影响最大的，但由于篇幅限制，不再一一分析。因此，下文主要分析大孔谱面积与各个力学参数之间的关系。

由图 3-18 和图 3-17(c) 可知，冻融作用下岩体的峰值应力、峰值应变和弹性模量和大孔的谱面积之间均保持很好的相关性。孔隙的谱面积和孔隙度成正比，因此，这也表明大孔孔隙度和试样的力学特性之间的相关性良好，这些力学特性受大孔的影响最大。

由图 3-17(c) 和图 3-18(a) 可知，试样的峰值应力和弹性模量均随着大孔谱面积的增加而呈指数降低。当谱面积小于 800 左右时，峰值应力和弹性模量随着大孔谱面积快速降低，谱面积大于 800 之后，峰值应力和弹性模量的降低速度明显变慢。分析认为，这是因为在冻融作用的前期，大孔快速产生和扩展，弱化了岩体结构和内部的胶结性能，造成试样的力学性能快速下降，弹性模量和峰值应

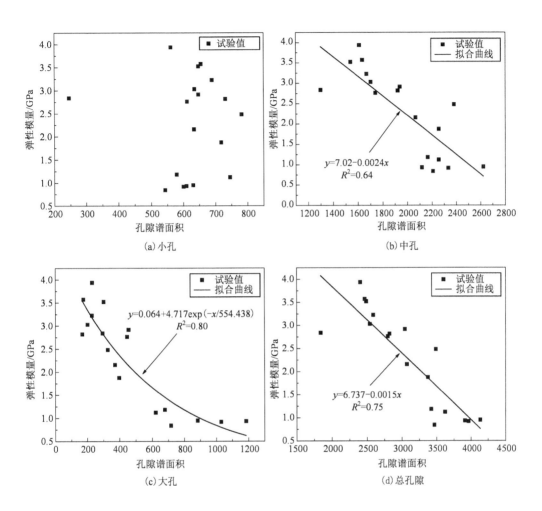

图 3-17　不同类型孔隙谱面积与弹性模量之间的关系

力快速降低。当大孔孔隙度发育到阈值时，大孔开始在试样内部贯通形成小裂隙，这些小裂隙的形成造成了大孔谱面积的快速增长，但是，试样在被静态单轴压缩时，小裂隙被压实闭合，对试样力学性能的衰减弱化作用较小。因此，当大孔谱面积超过 800 以后，峰值应力和弹性模量的降低速度明显变慢。

图 3-18(b)表明，试样的峰值应变随着大孔谱面积的增加而线性增加。这是因为大孔是岩体内部的可压缩孔隙，随着大孔谱面积的增加，试样在压缩作用下的变形也随之增大；此外，随着大孔谱面积的增大，试样损伤加剧，试样内部胶结变弱，并且软化，试样变形更加容易，峰值应变也随之增加。

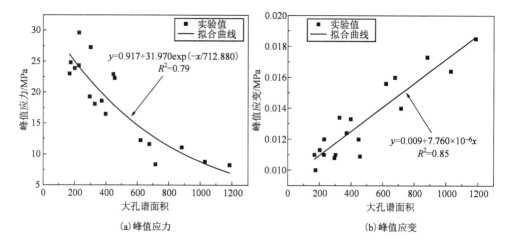

(a)峰值应力　　　　　　　　　(b)峰值应变

图 3-18　大孔谱面积与峰值应力及峰值应变的关系

3.5.2　孔隙结构与静态劈裂力学参数关系

由图 3-19 和图 3-20 可知,冻融作用下岩体Ⅰ型断裂拉伸应力、Ⅰ型断裂韧度、Ⅱ型断裂拉伸应力以及Ⅱ型断裂韧度均随着大孔谱面积的增加而线性降低。随着大孔谱面积的增加,试样内部大孔孔隙度的增长,试样的内部大孔进一步扩展,试样的力学性能逐渐弱化。Ⅰ型断裂和Ⅱ型断裂均属于劈裂型的断裂破坏,

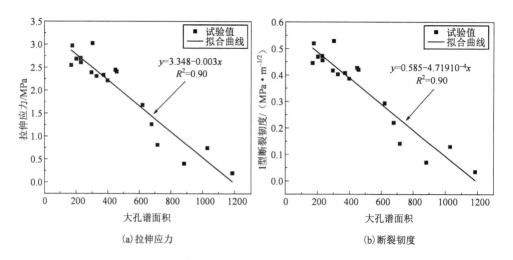

(a)拉伸应力　　　　　　　　　(b)断裂韧度

图 3-19　大孔谱面积与Ⅰ型断裂的拉伸应力和断裂韧度的关系

主要受拉伸/剪切应力作用。在拉伸/剪切作用下，大孔孔隙不受压缩作用的抑制而闭合，反而能够进一步形成拉伸裂隙。因此，随着大孔谱面积的不断增长，冻融试样发生在劈裂作用下形成拉伸裂隙更加容易，Ⅰ型断裂拉伸应力、Ⅰ型断裂应力、Ⅱ型断裂拉伸强度以及Ⅱ型断裂韧度则逐渐减小。

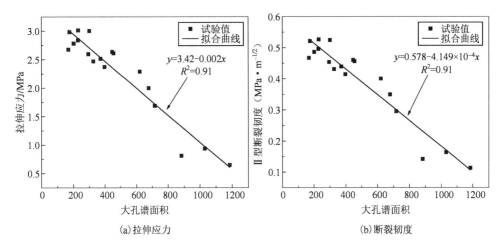

图 3-20　大孔谱面积与Ⅱ型断裂的拉伸应力和断裂韧度的关系

3.6　冻融与倾角作用下试样破坏特征

3.6.1　单轴压缩下试样的破坏特征

冻融作用下岩体试样的破坏特性受到预制裂隙和循环冻融的影响。图 3-21 为 45°倾角试样静态单轴压缩下不同循环冻融后破坏形态。如图 3-21 所示，含有 45°倾角裂隙的岩体试样的表面既有拉伸裂纹（图中标记为 1），又有剪切裂纹（图中标记为 2），其破坏是拉伸破坏与剪切破坏的结合。从试样的破坏形态来看，随着试样经历的循环冻融次数增加，试样表面的裂纹数量呈现出增加趋势，增加的次生裂纹主要分布在预制裂纹和贯通裂纹附近。当循环冻融为 0 时，试样表面只有贯通的 2 条剪切裂纹、1 条张拉裂纹和 1 条剪切次生裂纹；当循环冻融为 80 时，除了贯通的 1 条剪切裂纹和 1 条张拉裂纹外，还有 2 条次生张拉裂纹和 4 条次生剪切裂纹。这是由于岩体内部孔隙结构在循环冻融作用下进一步发育，以及试样内部胶结力衰减造成的损伤导致的。

(a) 0 循环　(b) 20 循环　(c) 40 循环　(d) 60 循环　(e) 80 循环　(f) 100 循环

图 3-21　45°倾角试样静态单轴压缩下不同循环冻融后破坏形态

　　此外，由于含 45°倾角的试样在加载过程中以剪切破坏为主，导致岩体试样加载过程中存在岩屑弹射的现象。结合图 3-21 可以发现，当试样经历的循环冻融次数较少时，弹射出的岩屑的块度较大，弹射的速度较大。随着试样所经历的循环冻融次数增加，弹射岩屑的块度有变小的趋势，且弹射速度变小了，甚至变为表面的岩屑碎落。如图 3-21(b)和图 3-21(c)所示，经历了 20 和 40 循环冻融的试样表面弹射的岩屑块度大，而图 3-21(f)所示的经历了 100 循环冻融的试样表面碎落的岩屑块度小。这说明经历了多次冻融作用后，岩体试样逐渐由脆性向延性转化。

　　由图 3-22 可知预制的宏观裂隙的倾角对试样的破坏特性的影响规律。可以发现，随着倾角的变化，岩体试样的破坏形式发生了明显的改变。当预制裂纹的倾角为 0°和 90°时，试样表面的裂纹仅有张拉型的裂纹，这些裂纹由预制裂纹端点的应力集中处起裂，向加载端面处延伸扩展，它们的方向与加载应力的方向一致。

(a) 0°　　　(b) 30°　　　(c) 45°　　　(d) 60°　　　(e) 90°

图 3-22　静态单轴压缩下 0 循环冻融后含不同倾角试样的破坏形态

当预制裂纹的倾角为 45°时，试样表面的裂纹兼有张拉型和剪切型两种类型的裂纹。图 3-22(c)表明，在张拉型和剪切型两类裂纹中，剪切型裂纹与加载方向呈一定的夹角，而张拉型的翼裂纹与加载应力的方向一致。剪切型裂纹是由预制裂纹的两端应力集中处起裂，后贯通至加载端；张拉型裂纹同样是由预制裂纹的两端应力集中处起裂，但是未贯通至加载端，这说明裂纹的倾角为 45°时剪切破坏时岩体的主导破坏形式。当预制裂纹的倾角为 30°和 60°时，岩体的破坏形式比较复杂。由图 3-22(b)和图 3-22(d)可知，含 30°和 60°倾角裂隙的试样是张拉裂隙和剪切裂隙贯通的混合贯通模式，说明此时的试样破坏是剪切破坏和张拉破坏相结合的结果。综上所述，岩体内部裂隙的倾角对试样的破坏形式有重要的影响。

3.6.2　劈裂试样的破坏特征

冻融作用下岩体试样在受到劈裂作用时，其破坏特征同样受到中心直裂纹的倾角和循环冻融的影响。图 3-23 为经历 0 循环冻融的试样内裂纹不同倾角下静

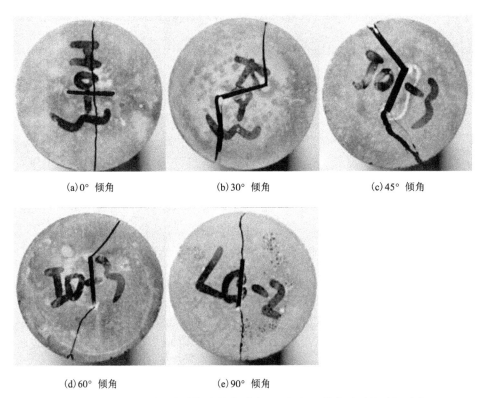

(a) 0° 倾角　　　　　　(b) 30° 倾角　　　　　　(c) 45° 倾角

(d) 60° 倾角　　　　　　(e) 90° 倾角

图 3-23　经历 0 循环冻融的试样内裂纹不同倾角下静态劈裂的破坏形态

态劈裂的破坏形态。对于中心直裂纹巴西圆盘，不同的裂纹倾角代表着不同的断裂类型。前文中指出，当裂纹倾角为90°时，试样的断裂为纯Ⅰ型拉伸断裂；当裂纹倾角为62.8°时，试样的断裂为纯Ⅱ型剪切断裂；其他倾角时则是Ⅰ-Ⅱ型混合断裂。从图3-23可知，不同倾角下的试样的断裂均是从预制裂纹的应力集中处出发，向加载点处扩展，形成的裂纹面较为光滑平整。

图3-24为不同循环冻融作用处理后试样在Ⅰ型静态劈裂下的破坏形态。通过观察可以发现，Ⅰ型断裂的裂纹从预制裂纹的端点出发，沿着直裂纹向加载点扩展，把试样直接劈裂成两块半圆盘，这种破坏拉伸破坏形式不随着循环冻融次数的增加而发生变化。当循环冻融次数较小时，加载点附近的区域保持完整，仅有拉伸裂纹的出现；随着循环冻融次数的增加，加载点附近区域进一步发生剪切破坏。这是因为加载区附近存在一个小的三角形剪切破坏区，在该区域内的剪切作用和圆盘拉伸的双重作用下，最终形成了三角形的剪切破坏区域。这表明了随

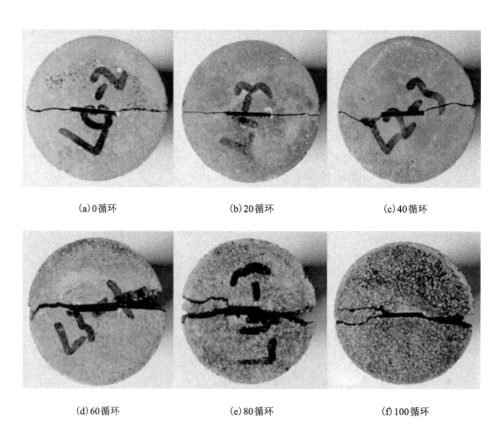

(a) 0循环　　　　　　(b) 20循环　　　　　　(c) 40循环

(d) 60循环　　　　　　(e) 80循环　　　　　　(f) 100循环

图3-24　不同循环冻融作用处理后试样在Ⅰ型静态劈裂下的破坏形态

着冻融次数的增加, 冻融损伤不断累积, 矿物颗粒间的胶结力也不断下降, 在剪切和拉伸应力下, 试件更加容易发生劈裂破坏, 破坏程度也更高。

图 3-25 为不同循环冻融作用处理后试样在 II 型静态劈裂下的破坏形态。由图 3-25 可知, II 型断裂的裂纹也是从预制裂纹的端点出发, 向加载点扩展, 把试样直接劈裂成两块半圆盘, 裂纹发展方向与预制裂纹的方向呈一个角度。从试样的破坏形态上看, II 型断裂与 I 型断裂的破坏存在区别, 即 II 型断裂的加载区没有三角形剪切破坏区域。分析认为, 在 I 型断裂的拉伸作用下, 主裂纹附近的裂纹更加容易贯通, 而与之相比, II 型断裂的属于剪切断裂, 断裂韧度大于 I 型断裂, 主裂纹附近的剪切裂纹更加难以形成。但是, 由图 3-25 可知, 随着循环冻融次数的增加, 剪切断裂裂纹有变粗糙的趋势, 且裂纹面附近开始出现少量岩体剥落, 这同样是随着冻融次数的增加, 冻融损伤不断累积, 矿物颗粒间的胶结力不断下降的结果。

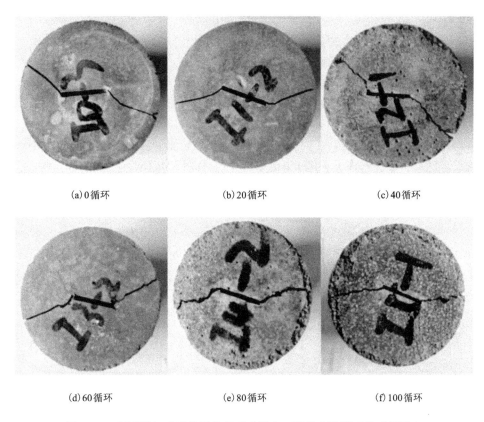

(a) 0 循环　　　　　　(b) 20 循环　　　　　　(c) 40 循环

(d) 60 循环　　　　　　(e) 80 循环　　　　　　(f) 100 循环

图 3-25　不同循环冻融作用处理后试样在 II 型静态劈裂下的破坏形态

第4章 循环冻融下岩体的
动力学特性研究

4.1 概述

"西部大开发"等政策的实施使寒区的工程建设项目日益增多，循环冻融作用下的岩土工程问题也越来越受到大家的关注。学者们最初把研究对象聚焦在冻融作用下岩石的力学响应、损伤及破坏机理等方面。随着研究的深入，学者们把目光聚集到岩体上，主要关注的是循环冻融作用下岩体的静力学特性、裂纹扩展、冻胀力分析等方面，并取得了较为丰富的成果，关于岩体的动力学特性的相关研究则比较少见。然而，在岩土工程中，常常受到爆破震动、机械振动和地震等动载荷的影响，而动载荷是影响其耐久性和稳定性的关键因素，因此研究岩体的动力学特性具有重要的意义。

岩体的压缩特性往往是学者们研究的重点，而实际工程中，压应力只是造成工程破坏和失稳的原因之一，拉伸和剪切也是造成工程破坏失稳的重要因素。例如，在边坡工程中，高陡边坡的拉伸作用（Ⅰ型断裂）是造成坡面失稳的关键因素，而剪切滑移作用（Ⅱ型断裂）是造成边坡整体失稳的关键因素，这类作用在动力扰动下的显现也是更加显著的。因此，本章对冻融作用下的岩体开展了冲击压缩和劈裂实验，结合数值计算结果，研究了动力扰动下受冻融作用的岩体的动态压缩特性和动态断裂特性。

4.2　试验设备及方案

4.2.1　试样准备

本章的动态力学试验包括动态冲击压缩试验和冲击劈裂试验。采用的试样为前文所预制的含预制裂隙的类岩石试样。动态冲击压缩试验采用的试样为第 2 章中第 3 系列的试样,试样为圆柱状,直径为 50 mm,高为 50 mm,在试样的中心部位预制了直裂纹,裂纹的宽度为 15 mm,厚度为 1 mm,裂隙沿着试样的径向方向贯通。本次试验中设置的裂隙倾角有五组,分布的裂隙倾角分别为 0°、30°、45°、60° 和 90°。当裂隙的宽度方向与试样端面平行时,裂隙的角度为 0°,裂隙的宽度方向与加载的方向一致,与试样端面垂直时,裂隙的角度为 90°。动态冲击压缩岩体试样示意图如图 4-1 所示。

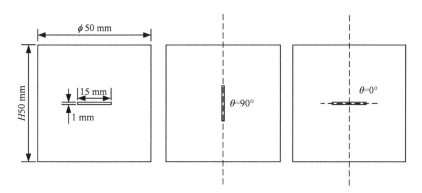

图 4-1　动态冲击压缩岩体试样(第 3 系列试样)示意图

冲击劈裂试验采用的试样为第 2 章中第 4 系列的试样,为圆盘状,试样的直径为 50 mm,厚为 25 mm。本批试样采用的裂纹为直裂纹,裂纹的宽度为 15 mm,厚度为 1 mm,裂隙沿着试样的轴向方向贯通。在本次试验中,设置裂隙的宽度方向与试样的加载方向垂直时,裂隙的角度为 0°;裂隙的宽度方向与加载的方向一致时,裂隙的角度为 90°。由前文可知,当裂隙倾角为 90° 时,劈裂为纯 I 型断裂;裂隙倾角为 62.8°(裂隙与加载方向成 27.2°)时,劈裂为纯 II 型断裂。本次试验中采用 62.8° 倾角代替 60° 倾角。因此,本次动态劈裂试验中设置的裂隙倾角有五组,为 0°、30°、45°、62.8° 和 90°。冲击劈裂试验采用的试样示意图如图 4-2 所示。

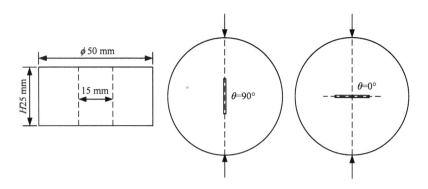

图 4-2 冲击劈裂试验采用的中心直裂纹巴西圆盘试样(第 4 系列试样)示意图

4.2.2 主要试验设备及原理

本文的冲击压缩及劈裂试验均采用中南大学的分离式霍普金森压杆系统(SHPB)。该系统由气缸、冲头、入射杆、透射杆、吸收杆、阻尼器、动态应变仪、示波器及电脑主机等部分组成。杆件由 40Cr 的合金钢制作,杆件密度为 7810 kg/m³,本次试验中所采用的圆杆直径为 50 mm,圆杆的弹性波速率为 5606 m/s,弹性模量为 236 GPa,动态弹性模量为 250 GPa。冲头为梭形,冲击载荷形成的波形为半正弦型。所采用的动态应变仪为 CS-10 型超动态应变仪,示波器型号为 DL750。分离式霍普金森冲击系统如图 4-3 所示。

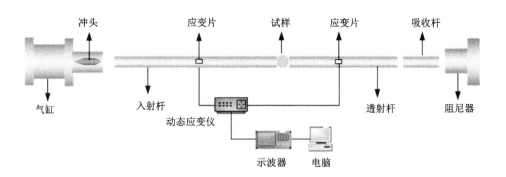

图 4-3 分离式霍普金森冲击(SHPB)系统

在冲击加载的过程中，弹性杆件存在入射波、反射波和透射波，对应产生相应的入射应力、反射应力和透射应力。由于在杆件和试样中的弹性波可以视为一维波，根据一维应力波理论，加载与试件两端的平均加载力、试件的应力、应变以及应变率可表达为：

$$P(t) = EA_e \frac{\varepsilon_I + \varepsilon_R + \varepsilon_T}{2} \tag{4-1}$$

$$\sigma(t) = \frac{A_e}{A_s} \frac{\varepsilon_R + \varepsilon_R + \varepsilon_T}{2} \tag{4-2}$$

$$\varepsilon(t) = \frac{C_0}{L_s} \int_0^t (\varepsilon_I - \varepsilon_R - \varepsilon_T) \, dt \tag{4-3}$$

$$\dot{\varepsilon}(t) = \frac{C_0}{L_s} (\varepsilon_I - \varepsilon_R - \varepsilon_T) \tag{4-4}$$

上列各式中，$P(t)$ 为试件两端的平均加载力；E 为输入杆和输出杆的弹性模量；A_e 为输入杆和输出杆的横截面积；ε_I 为入射应变；ε_R 为反射应变；ε_T 为透射应变；$\sigma(t)$ 为试件的应力；A_s 为试件的横截面积；$\varepsilon(t)$ 为试件的应变；$\dot{\varepsilon}(t)$ 为试件的应变率；C_0 为输入杆和输出杆的纵波波速；L_s 为试件的长度。

进行有效的冲击试验时，要求达到试件两端的应力平衡，应力平衡时有：

$$\varepsilon_I - \varepsilon_R = \varepsilon_T \tag{4-5}$$

应力平衡时，作用于试件的动态加载力的表达式变为：

$$P(t) = EA_e \varepsilon_T \tag{4-6}$$

动态压缩下相应的应力、应变和应变率也可做相应的改变。

同样需要特别注意的是，岩石的动态抗拉强度是通过完整巴西圆盘试样进行巴西劈裂获得的，但是，本文借助完整巴西圆盘的拉伸强度计算公式来求取中心直裂纹巴西圆盘的动态断裂拉伸强度来表征中心直裂纹的劈裂力学特性，仅用于比较裂隙倾角和循环冻融次数对劈裂力学特性的影响。在进行动态冲击劈裂，通过巴西圆盘劈裂实验间接获得抗拉强度时，其表达式为：

$$\sigma_t = \frac{P(t)_{max}}{\pi RH} = \frac{EA_e \varepsilon_{Tmax}}{\pi RH} \tag{4-7}$$

式中：σ_t 为试件的间接拉伸强度；$P(t)_{max}$ 为加载应力的最大值；R 为试件的半径；H 为试件的厚度；ε_{Tmax} 为透射应变的最大值。

本次冲击试验的原始应力波波形和应力平衡曲线如图 4-4 和图 4-5 所示。

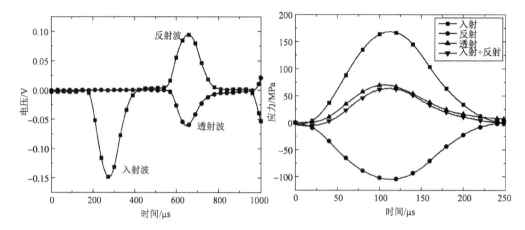

图 4-4 本文试件的原始应力波波形   图 4-5 本文冲击试验时试件的应力平衡曲线

4.2.3 试验方案

（1）动态冲击压缩试验方案

冻融作用下岩体的动态冲击压缩试验的试验方案和步骤如下：

①试样烘干。由于动态冲击试验是在核磁共振检测之后进行的，因此需对核磁测试后的饱和试样进行烘干处理，去除含水量对试样力学性质的影响。烘干过程参考第 4 章的烘干方式，烘干温度为 60 ℃，烘干时间设置为 24 h。

②确定合理的冲击气压。通过对相同材料和配比制成的备用样，采用 SHPB 系统对其进行不同冲击气压的冲击，确定合理的冲击气压，保证在该冲击气压作用下，未经冻融处理的试样可以被冲击破坏，又不至于试样被冲击得过于破碎，通过反复尝试，本次冲击压缩采用的气压为 0.4 MPa。

③冲击压缩试验。本次的冲击压缩试验采用的是中南大学的 SHPB 冲击系统。试验基本流程为：试验设备检查、试验参数确定和设置、动态应力平衡、试验开展、数据导出和破坏形态记录。最终获得试样冲击过程中的电压时程信号，通过理论计算，可计算获得试样的动态应力应变曲线、动态峰值应力、动态峰值应变、动态弹性模量和各部分能量等参数。

（2）冲击劈裂试验方案

本次中心直裂纹巴西圆盘冲击劈裂试验的试验方案和步骤如下：

①试样烘干。冲击劈裂试验采用的试样同样需要进行烘干处理，试样的烘干方式和上述一致。

②确定劈裂加载方向。以中心直裂纹的宽度方向为基准方向，过试样中心绘

制和基准方向不同夹角的径向线段,径向线段的两端与试样外缘的交点即为试样加载点。分别绘制 62.8° 和 90° 倾角所对应的径向线段,确定加载方向。其中,90° 倾角加载时可获得纯 I 型断裂、62.8° 夹角加载时可获得纯 II 型断裂。第 4 系列的 5 组试样除了 R 组试样进行 I 型冲击劈裂,其他的 4 组(S、T、U 和 V 组)进行 II 型冲击劈裂。

③确定合理的冲击气压。采用 SHPB 系统对备用试样进行不同冲击气压的冲击,确定合理的冲击气压,保证在该冲击气压作用下,未经冻融处理的试样可以被冲击破坏,又不至于试样被冲击得过于破碎,通过反复尝试,本次 I 型冲击劈裂采用的气压为 0.4 MPa(R 组),II 型冲击劈裂的 4 组试样分别采用不同的冲击气压,以探究应变率对 II 型断裂韧度的影响。其中 S、T、U 和 V 组试样采用的冲击气压分别为 0.4 MPa、0.3 MPa、0.35 MPa 和 0.45 MPa。

④应变片粘贴。粘贴应变片的目的是记录试样的裂纹起裂时刻,用以确定试样的动态断裂韧度。在试样的预制裂纹外侧附近粘贴应变片,应变片应当尽量靠近预制裂纹,且应变片应当粘贴在加载点和预制裂纹的端点之间,保证裂纹会通过该应变片。

⑤冲击劈裂试验。本次的冲击劈裂试验采用的是中南大学的 SHPB 冲击系统。试验基本流程为:试验设备检查、试验参数确定和设置、动态应力平衡、试验开展、数据导出和破坏形态记录。最终获得试样冲击过程中的电压时程信号,通过理论计算,可转换和计算获得试样的动态载荷–位移曲线、载荷时程曲线、裂纹起裂时刻和各部分能量等参数。

4.3 冻融作用下岩体的冲击压缩力学特性

本节基于冲击压缩实验结果研究了循环冻融作用和裂隙倾角对岩体的动态应力–应变曲线、动态峰值应力、动态弹性模量、动态峰值应变等力学特性的影响,以揭示循环冻融作用和裂隙倾角对岩体的冲击压缩力学特性的演化规律。

4.3.1 不同循环冻融下岩体的冲击力学特性

(1)动态应力–应变曲线

经典的动态应力–应变曲线包含压密阶段、线弹性阶段、塑性阶段和峰后阶段。压密阶段是岩体内部孔隙结构被压实压密阶段,压密阶段的长短一定程度上表征了岩体的内部孔隙结构发育程度。由图 4-6 可知,岩体在经历了 60 循环冻融以前,试样的动态应力应变曲线中基本上不存在压密阶段,一方面是因为当岩体所经历的循环冻融次数较少时,试样内部的孔隙结构相对而言不够发育,可用于压密的孔隙空间较少，另一方面是因为冲击加载的加载速率较快，试样中的孔隙还来不及闭合，内部晶体表现出较大惯性力，导致压密段极端。在80循环冻融之后，试样的应力应变曲线开始出现压密阶段，到100循环冻融时，试样的压密阶段十分明显，这说明循环冻融作用造成了试样内部孔隙结构的持续发育和损伤。

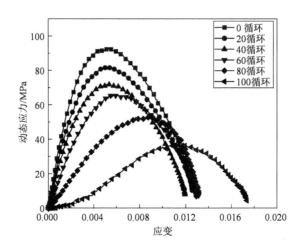

图4-6　不同循环冻融作用下岩体的动态应力-应变曲线

从动态应力-应变曲线上看，动态峰值应力、动态弹性模量均随着经历的循环冻融次数的增加呈现出降低的趋势，动态峰值应变也随着循环冻融次数的增加呈现出增长的趋势，这说明试样的冲击力学特性随着循环冻融次数的增加而衰减。在动态应力-应变曲线的峰后段，曲线的峰后斜率随着循环冻融次数的增加而减小，这表明试样的峰后模量也随着循环冻融次数的增加而减少，而峰后模量的大小一定程度上表征了试样的脆性程度，峰后的应力下降越快，峰后模量越大，表示其脆性越强。图中峰后曲线变化趋势表明，试样的脆性程度也随循环冻融次数增加而降低。应力-应变曲线分析属于冲击力学特性的定性分析，动态弹性模量、动态峰值应力、动态峰值应变等参数的定量分析见下文。

（2）动态峰值应力

通过对岩体进行不同次数的冻融作用处理，在0、20、40、60、80和100循环冻融后，采用0.4MPa冲击气压对试样进行冲击压缩试验，获得了试样的动态峰值应力，由于试样数量较多，文中仅列出参数的均值，不同循环冻融下含不同倾角裂隙试样动态峰值应力均值统计表如表4-1所示。

表4-1 不同循环冻融下含不同倾角裂隙试样动态峰值应力均值统计表

循环冻融次数	倾角/(°)	动态峰值应力/MPa	循环冻融次数	倾角/(°)	动态峰值应力/MPa
0	0	76.39	20	0	73.27
	30	55.04		30	45.67
	45	49.00		45	40.75
	60	60.75		60	59.87
	90	77.50		90	72.75
40	0	55.43	60	0	51.53
	30	43.25		30	41.32
	45	36.46		45	32.50
	60	54.78		60	54.06
	90	64.71		90	63.25
80	0	44.5	100	0	9.83
	30	29.75		30	16.53
	45	28.47		45	11.52
	60	39.00		60	13.76
	90	55.12		90	26.25

由图4-7可知，岩体的动态峰值应力随着循环冻融次数的增加呈现出非线性降低的特征，但是不同倾角的裂隙岩体的动态峰值强度有明显的区别，关于裂隙倾角对动态峰值应力的影响，在下一节中有具体的分析，本节仅就循环冻融次数对动态峰值应力的影响进行分析。

由图4-7可知，岩体的动态峰值应力随着循环冻融次数的增加而呈现出缓降→速降的非线性降低特征。以倾角为0°的一组试样为例，由图4-7(a)和表4-1可知，经历0循环的试样的动态峰值应力的均值为76.39 MPa，在经过了20次的冻融作用之后，动态峰值应力的均值降至73.27 MPa，降幅为4.08%，在40、60、80和100循环冻融之后，动态峰值应力分别降至55.43 MPa、51.53 MPa、44.50 MPa和9.83 MPa，降幅分别达到27.44%、32.54%、41.75%和87.13%。这表明岩体试样的损伤在冻融作用的前期相对较慢，随着循环冻融次数的增加，试样内部的冻融损伤逐渐累积，岩体的动态强度也加速降低，导致冻融作用下岩体的最终动态峰值应力大幅下降。

冻融作用下岩体的动态峰值应力和其细观结构是紧密关联的。与动态峰值应

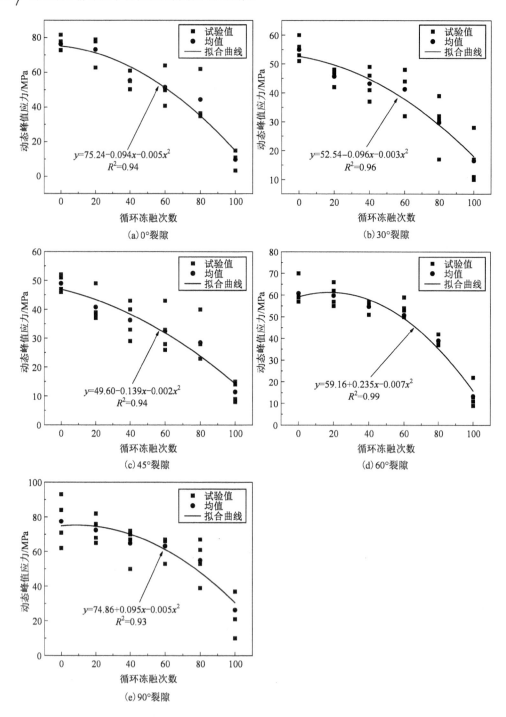

图 4-7　不同循环冻融下含不同倾角裂隙岩体的动态峰值应力变化规律

力随着循环冻融次数的增加而呈现出缓降→速降的非线性特征不同，岩体试样的
孔隙度则是随着循环冻融次数的增加而线性增长。但是，由图 3-26 可知，岩体
试样中大孔孔隙度是随着循环冻融次数的增加呈现出缓升→速升的非线性特征。
这表明，冻融作用下岩体的动态峰值应力和主要受大孔的孔隙度影响。

（3）动态峰值应变

图 4-8 和表 4-2 表征了岩体动态峰值应变随着循环冻融次数的变化规律。
由图可知，岩体的动态峰值应变随着循环冻融次数的增加而呈现出缓升→速升的
非线性增加的特征。以倾角为 45°的一组试样为例，由图 4-8(c) 和表 4-2 可知，
经历 0 循环的试样的动态峰值应变的均值为 0.0061，在经过了 20 次的冻融作用
之后，动态峰值应变的均值升至 0.0067，增幅为 9.84%，在 40、60、80 和 100 循
环冻融之后，动态峰值应变分别增至 0.0084、0.0105、0.0138 和 0.0173，增幅分
别达到 37.7%、72.13%、126.23% 和 183.61%。这表明岩体试样的损伤在冻融作
用的前期相对较慢，随着循环冻融次数增加，试样内部冻融损伤逐渐累积，岩体
的动态峰值应变增长变快，造成冻融作用下岩体的最终动态峰值应变大幅增加。

表 4-2　不同循环冻融下含不同倾角裂隙试样动态峰值应变统计表

循环冻融次数	倾角/(°)	动态峰值应变均值/MPa	循环冻融次数	倾角/(°)	动态峰值应变均值/MPa
0	0	0.0047	20	0	0.0071
	30	0.0067		30	0.0086
	45	0.0061		45	0.0067
	60	0.0060		60	0.0062
	90	0.0056		90	0.0054
40	0	0.0081	60	0	0.0093
	30	0.0084		30	0.0092
	45	0.0084		45	0.0105
	60	0.0059		60	0.0069
	90	0.0062		90	0.0064
80	0	0.0102	100	0	0.0143
	30	0.0139		30	0.0157
	45	0.0138		45	0.0173
	60	0.0117		60	0.0166
	90	0.0095		90	0.0144

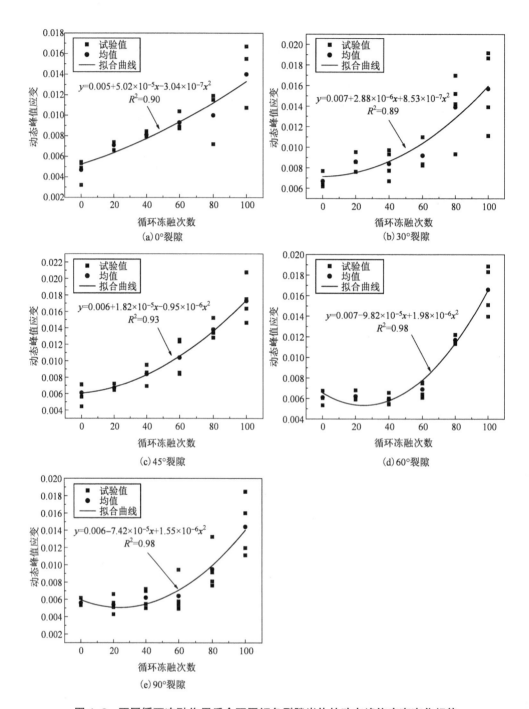

图4-8 不同循环冻融作用后含不同倾角裂隙岩体的动态峰值应变变化规律

　　分析冻融作用下岩体的动态峰值应变随着循环冻融次数的增加而呈现出缓升
→速升的非线性特征，主要是由两个方面的因素造成的。一是因为岩体试样中的
可压缩的大孔孔隙度也是呈现出缓升→速升的变化趋势，可压缩的大孔孔隙度增
加使得岩体试样的压密阶段扩张。另一方面是由于循环冻融作用导致的试样内部
损伤，软化了试样内部结构，劣化了试样的力学承载能力。

　　（4）动态弹性模量

　　图 4-9 和表 4-3 表征了岩体的动态弹性模量随着循环冻融次数增加的变化
规律。从图 4-9 可以看出，含不同倾角的裂隙岩体的动态弹性模量的变化趋势基
本一致，基本上随着循环冻融次数的增加呈现出线性降低的特征。

表 4-3　不同循环冻融下含不同倾角裂隙试样动态弹性模量统计表

循环冻融次数	倾角/(°)	峰值应力均值/GPa	循环冻融次数	倾角/(°)	峰值应力均值/GPa
0	0	23.75	20	0	14.45
	30	14.24		30	9.45
	45	13.93		45	11.66
	60	17.48		60	15.9
	90	22.00		90	20.46
40	0	10.79	60	0	8.7
	30	9.02		30	8.28
	45	8.64		45	6.73
	60	15.89		60	13.58
	90	15.61		90	15.80
80	0	7.48	100	0	2.37
	30	4.05		30	2.01
	45	3.35		45	1.13
	60	4.71		60	1.66
	90	9.42		90	3.51

　　以倾角为 45°的一组试样为例，由图 4-9(c)和表 4-3 可知，经历 0 循环的试
样的动态弹性模量的均值为 13.93 GPa，在经过了 20 次的冻融作用之后，动态弹
性模量的均值降至 11.66 GPa，降幅为 16.3%，在 40、60、80 和 100 循环冻融次
数之后，弹性模量分别降至 8.64 GPa、6.73 GPa、3.35 GPa 和 1.13 GPa，降幅为

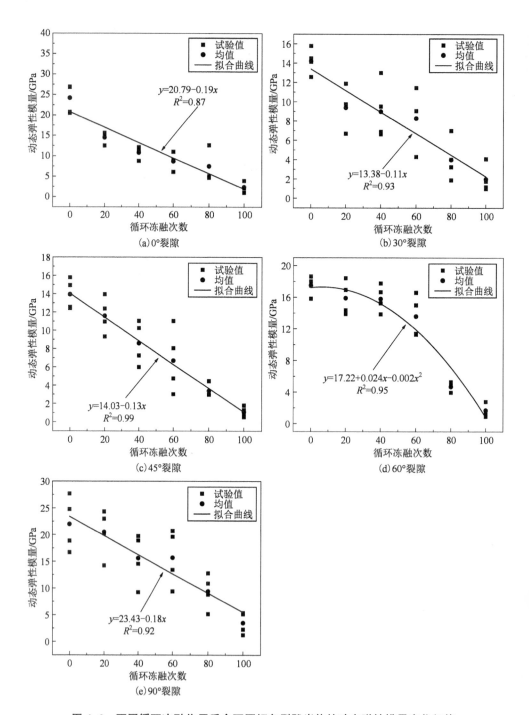

图4-9　不同循环冻融作用后含不同倾角裂隙岩体的动态弹性模量变化规律

37.98%、51.69%、75.95%和91.89%。这是试样内部冻融损伤累积所造成的。

　　动态弹性模量的大小表示岩体材料在该阶段发生单位应变所需的动态应力，表征了岩体对动载荷的承载能力。分析认为，冻融作用下岩体的动态弹性模量的线性降低主要是两方面原因造成的。首先，循环冻融作用所产生的冻胀力不断挤压孔隙结构，使孔隙不断萌生与发育，造成岩样内部质地疏松；同时，反复作用的温差效应造成岩样内部胶结物质反复收缩与膨胀，不断劣化了材料中的胶结物质，加上冻融导致的水分渗流迁移运移侵蚀了这部分胶结物质。这些因素造成试样内部微裂隙增大、增多，试样的承载能力劣化，当受到冲击载荷时，岩石的动态弹性模量下降。

4.3.2　不同倾角岩体冻融作用下的冲击力学特性

　　（1）动态应力应变曲线

　　图 4-10 为经历 0 循环冻融的不同倾角裂隙岩体的动态应力-应变曲线。从应力-应变曲线上看，这些应力-应变曲线可以分为弹性阶段、塑性阶段和破坏阶段，没有明显的压密阶段，这是因为冲击载荷具有高速瞬时的特点，试样中的孔隙还来不及闭合。在弹性阶段，试样在动态载荷的作用下，动态应力与应变呈线性增加。进入塑性阶段，试样内部的低强度区在高应力的作用下发生不可逆的孔隙和裂纹萌生或发展，造成内部损伤的进一步发展，裂纹进一步发展、贯通，最终导致试样的破坏。

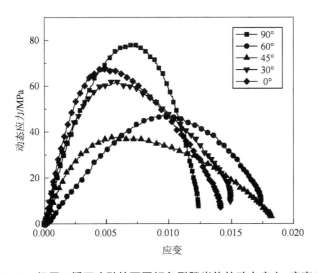

图 4-10　经历 0 循环冻融的不同倾角裂隙岩体的动态应力-应变曲线

图 4-10 表明裂隙倾角对试样的动态冲击力学特性具有显著的影响。由图可知,试样的动态峰值应力、动态峰值应变、动态弹性模量均随着裂隙倾角的变化而发生明显的非单调变化。当裂隙倾角较大(90°)或者较小(0°)时,试样的动态峰值应力和动态弹性模量均为较大值,当裂隙的倾角趋近于中间值(45°)时,试样的动态峰值应力和动态弹性模量明显降低。这主要是因为裂隙倾角的存在改变了岩体的破坏形式。冲击压缩作用下,完整试样的破坏以张拉破坏为主,试样中加入裂隙,改变了试样内部的受力状态和波的传播途径,岩体的破坏状态也发生了相应的改变。当裂隙的倾角为 0°和 90°时,岩体的破坏为张拉破坏,当裂隙倾角为 45°左右时,剪切破坏的效应显现明显,试样的破坏受到剪切和拉张作用的双重影响,因此动态峰值应力和动态弹性模量发生明显的跌落。

(2)动态峰值应力

如图 4-11 所示,随着裂隙倾角的增加,岩体的动态峰值应力呈 V 形变化。在所有的含裂隙的试样中,裂隙倾角为 90°的试样的动态峰值应力的均值最大,其次是倾角为 0°的试样,然后依次为 60°、30°,倾角为 45°的试样的动态峰值应力的均值最小。以经历 0 循环冻融的一组试样为例,倾角为 90°时,动态峰值应力的均值为 77.5 MPa,当倾角分别为 0°、60°、30°和 45°时,动态峰值应力分别为76.39 MPa、60.75 MPa、55.04 MPa 和 49.00 MPa,它们分别为 90°倾角试样的峰值应力均值的 98.57%、78.39%、71.02%和 63.23%。

动态峰值应变的变化主要是由于裂隙倾角改变了试样的受力状态和破坏方式。由于冲击载荷很大,并且冲击载荷是一种高速瞬态载荷,在入射波和反射波的作用下,试样受到压缩应力和横向拉伸应力的作用。由于岩体的抗拉强度低于抗拉强度,因此横向拉伸应力引起的微裂隙率先产生,并且动态载荷的作用时间很短,微裂隙归并、搭接成剪切形式的贯通裂纹的时间不足,因此,冲击压缩试样常常为横向拉张破坏。

当岩体中裂隙的倾角为 0°或者 90°时,存在的裂隙基本上没有改变试样内部的应力波传播和受力状态,倾角的存在也没有为剪切裂纹的贯通提供有利条件,这种情况下试样仍受横向拉张应力而破坏,峰值应力的变化较小。当岩体中的裂隙倾角为 45°时,一方面,45°的裂隙面改变了试样中反射波的方向,一定程度上改变了裂隙周边的张拉应力场;另一方面,45°的裂隙面接近压缩形成的剪切破坏面,在冻融损伤的加持下,更有利于在冲击载荷下的微裂纹贯通形成剪切裂纹。因此,当裂隙倾角为 45°,试样表现为剪切破坏为主,动态峰值应力最小。裂隙倾角为 30°和 60°时,受力和破坏状态介于两者之间,因此,动态峰值应力也在两种状态之间。

随着循环冻融次数增加,含各种倾角的试样动态峰值强度均呈现下降趋势。此外,随着循环冻融次数的增加,含 90°裂隙倾角试样的动态峰值应力均值和含

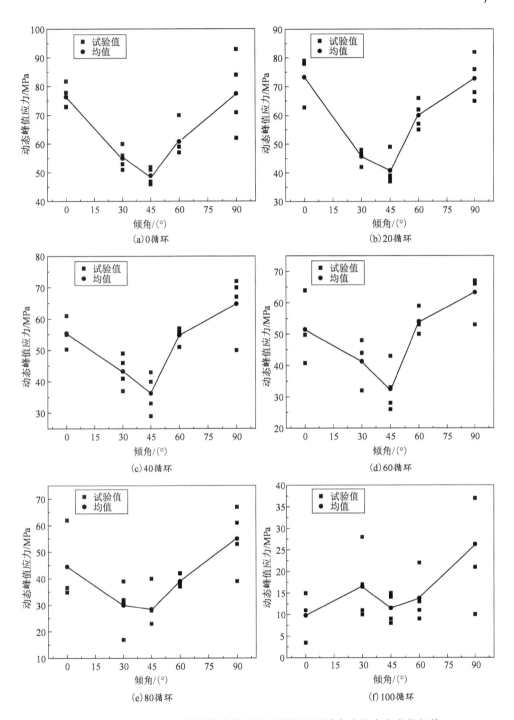

图 4-11　含不同倾角裂隙的岩体不同冻融作用后动态峰值应力变化规律

45°倾角试样的动态峰值应力均值之间的差距有减小的趋势。当循环冻融次数为0时，两者的差值为 28.5 MPa，当循环冻融次数为 100 时，两者的差值为 11.43 MPa，这是因为冻融作用导致的累积损伤造成试样整体强度下降。此外，经历 100 循环冻融后，含 0°倾角裂隙的试样动态峰值应变均值偏小，可能是由于循环冻融造成试样非均质性下降所造成的实验结果离散所引起的。

(3)动态峰值应变

图 4-12 为含不同倾角裂隙岩体的动态峰值应变的变化规律，虽然图中不同循环冻融作用后试样动态峰值应变的数值发生了变化，并且动态峰值应变随裂隙倾角的变化规律并不严格一致，但是动态峰值应变随裂隙倾角的增加整体上呈现出倒 V 形的变化趋势，即动态峰值应力在 30°或 45°时是最大值，在 0°或者 90°时是最小值，基本上与动态峰值应力的变化趋势相反。

在图 4-12 中，动态峰值应变随循环冻融次数增加而增加。主要有两个原因，一是循环冻融使得试样孔隙度增大，经历更多循环冻融的试样内部存在更多的孔隙空间可被用于冲击压缩。二是循环冻融作用损伤了岩石之间的胶结作用，软化了岩体内部结构，降低了试样的承载能力。

岩体试样的裂隙倾角为 45°左右具有更大的动态峰值应变，而在 0°或 90°具有较低的峰值应变，同样可以从试样的受力状态和破坏方式上进行分析。由于包含 0°或 90°倾角的裂隙岩体受到纵向压缩与横向张拉作用，破坏主要是由横向张拉所引起的，纵向压缩作用相对较小，因此，试样的动态峰值应变较小。当裂隙倾角在 45°左右时，试样同样受到纵向压缩与横向张拉作用的影响，但是此时的破坏主要是以压缩剪切为主，体现纵向压缩作用的主导地位，因此，此时的动态峰值应变较大。

(4)动态弹模变化

图 4-13 为含不同倾角裂隙岩体不同冻融作用后动态弹性模量变化。由图 4-13 可知，在经历了不同的循环冻融之后，虽然在循环冻融作用导致的试样损伤累积、岩体均质性下降以及岩体试样本身的离散性作用下，有些试样的动态弹性模量没有达到预计值，但是，动态弹性模量随裂隙倾角的变化规律也基本上趋同，即在 45°时最小，在 0°或 90°时最大，随着裂隙倾角的增加而呈现出先降后增的变化趋势。

动态弹性模量表征的是岩体试样抵御动态变形的能力，即发生单位应变所需的动态应力。当裂隙倾角为 0°和 90°时，试样的受力和变形状态和完整试样最接近，此时的动态弹性模量在不同倾角的试样之间是最大的。当试样内的裂隙倾角为 45°时，由于受 45°倾角的裂纹影响，试样在动态冲击下会产生剪切裂纹，倾向于沿着裂纹面方向发生剪切破坏，因此，含 45°裂纹的岩体试样剪切滑移变得容易，试样抵抗横向变形的能力减弱，此时的动态弹性模量在不同倾角的试样之间

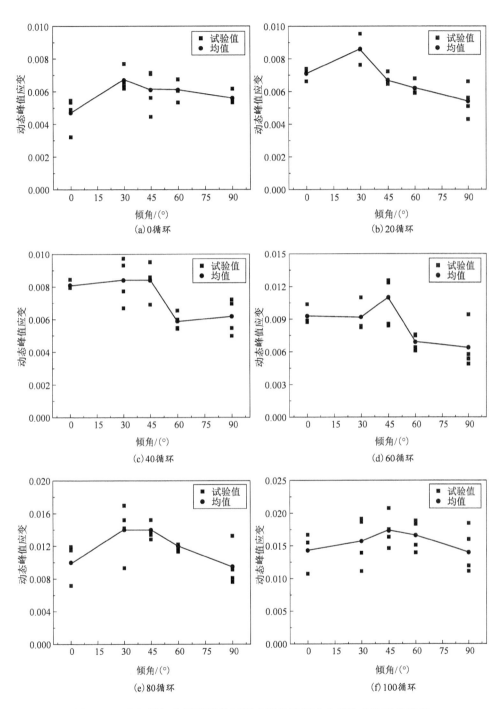

图 4-12 含不同倾角裂隙岩体不同冻融作用后动态峰值应变变化规律

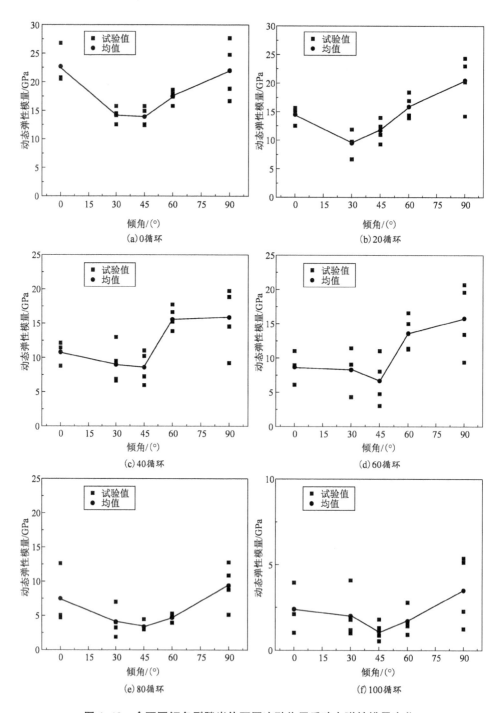

图4-13　含不同倾角裂隙岩体不同冻融作用后动态弹性模量变化

是最小的。裂隙倾角为 30°和 60°时，受力和破坏状态介于两者之间，此时，动态弹性模量也在两种状态之间。

4.4　冻融作用下岩体的冲击断裂特性

在现有的动态断裂韧度求取方法中，断裂韧度的获得可分为准静态法和试验-数值法。其中，准静态法采用的是将动态测试中获得的最大载荷代入相应的静态断裂韧度的求值公式中，以获得动态断裂韧度。试验-数值法是首先通过动态冲击试验测得的动态荷载的时间历程曲线，将其输入有限元模型计算出对应的动态应力强度因子的时间历程，通过应变片测得试样的断裂时间，该断裂时间对应的应力强度因子就是动态断裂的起裂韧度。

数值计算和试验结果都表明，在计算动态断裂韧度时，由于惯性作用，试样受到最大载荷的时刻和起裂时刻是不一致的，起裂时刻滞后于最大载荷时刻，准静态法所获取的断裂韧度偏小。因为试样受到高速瞬态的冲击作用，试样内部的变形和破坏因为惯性的作用而发生滞后。因此，人们开始采用试验-数值法来测试试样的动态断裂韧度。本文中即是采区试验-数值相结合的方法来获取冻融试样的动态断裂韧度。

图 4-14 为准静态法和试验-数值法所获得动态应力强度因子的结果对比。

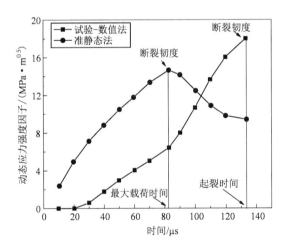

图 4-14　准静态法和试验-数值法所获得动态应力强度因子的结果对比

4.4.1　动态应力强度因子

对于裂纹尖端附近的应力场，通常采用 Williams 特征展开表示，且只考虑奇异项和第一非奇异项，裂纹尖端附近的坐标如图 4-15 所示，应力场的表达可参考文献进行计算。

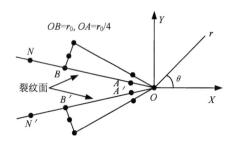

图 4-15　1/4 节点奇异单元与裂纹面尖端的坐标

$$\sigma_{rr} = \frac{1}{\sqrt{2\pi r}}\left[K_{\mathrm{I}}\left(1+\sin^2\frac{\theta}{2}\right)\cos\frac{\theta}{2} + K_{\mathrm{II}}(3\cos\theta-1)\sin\frac{\theta}{2}\right] + T\cos^2\theta + O(r^{1/2}) \tag{4-1}$$

$$\sigma_{\theta\theta} = \frac{1}{\sqrt{2\pi r}}\left[K_{\mathrm{I}}\cos^2\frac{\theta}{2} - \frac{3}{2}K_{\mathrm{II}}\sin\theta\right] + T\sin^2\theta + O(r^{1/2}) \tag{4-2}$$

$$\sigma_{r\theta} = \frac{1}{\sqrt{2\pi r}}\cos\frac{\theta}{2}\left[K_{\mathrm{I}}\sin\theta + K_{\mathrm{II}}\sin\theta(3\cos\theta-1)\right] - T\sin\theta\cos\theta + O(r^{1/2}) \tag{4-3}$$

式中：K_{I} 为 I 型应力强度因子；K_{II} 为 II 型应力强度因子；T 为 Williams 特征展开的第二项；$O(r^{1/2})$ 为 Williams 特征展开的高阶项：

T 的表达式如式(4-4)所示：

$$T = \frac{E}{2(1-v^2)X_{\mathrm{N}}}\left[u_X(N) - u_X(0) + u_X(N') - u_X(0)\right] \tag{4-4}$$

考虑 T 应力时，利用相对位移法计算动态应力强度因子，裂纹尖端附近的位移场如式(4-5)：

$$u_X(r,\theta) - u_X(0) =$$
$$\sqrt{\frac{r}{2\pi}}\frac{1+v}{E}\left[K_{\mathrm{I}}\cos\frac{\theta}{2}\left(\kappa-1+2\sin^2\frac{\theta}{2}\right) + K_{\mathrm{II}}\sin\frac{\theta}{2}\left(\kappa+1+2\cos^2\frac{\theta}{2}\right)\right] +$$
$$\frac{(1-v)^2}{E}Tr\cos\theta \tag{4-5}$$

$$u_Y(r, \theta) - u_Y(0) =$$

$$\sqrt{\frac{r}{2\pi}}\frac{1+v}{E}\left[K_{\mathrm{I}}\sin\frac{\theta}{2}\left(\kappa+1-2\cos^2\frac{\theta}{2}\right) - K_{\mathrm{II}}\sin\frac{\theta}{2}\left(\kappa-1-2\sin^2\frac{\theta}{2}\right)\right] +$$

$$\frac{v(1+v)}{E}Tr\sin\theta \tag{4-6}$$

式中：平面应变问题时 $\kappa = 3 - 4v$；平面应力问题时 $\kappa = \dfrac{3-v}{1+v}$。

当 θ 为 $-\pi$ 和 $+\pi$ 时，位移场的表达式为：

$$u_X(r, \pm\pi) - u_X(0) = \pm\sqrt{\frac{r}{2\pi}}\frac{1+v}{E}K_{\mathrm{II}}(\kappa+1) - \frac{(1-v)^2}{E}Tr \tag{4-7}$$

$$u_Y(r, \pm\pi) - u_Y(0) = \pm\sqrt{\frac{r}{2\pi}}\frac{1+v}{E}K_{\mathrm{I}}(\kappa+1) \tag{4-8}$$

$$u_Y(r, \pi) - u_Y(r, -\pi) = 2\sqrt{\frac{r}{2\pi}}\frac{1+v}{E}K_{\mathrm{I}}(\kappa+1) \tag{4-9}$$

$$u_X(r, \pi) - u_X(r, -\pi) = 2\sqrt{\frac{r}{2\pi}}\frac{1-v}{E}K_{\mathrm{II}}(\kappa+1) \tag{4-10}$$

当采用 1/4 节点奇异单元进行裂纹尖端附近的位移场计算时，可通过有限元数值软件计算得到图 4-15 中裂纹面节点 B、B'、A、A' 的位移随时间的变化，参照下列各式可分别计算出动态应力强度因子的时程曲线。

$$K_{\mathrm{I}}(t) = \sqrt{2\pi}\,\frac{E}{2(1+\kappa)(1+v)}\frac{8u_Y(t)\big|_{BB'} - u_Y(t)\big|_{AA'}}{3\sqrt{r_0}} \tag{4-11}$$

$$K_{\mathrm{II}}(t) = \sqrt{2\pi}\,\frac{E}{2(1+\kappa)(1+v)}\frac{8u_X(t)\big|_{BB'} - u_X(t)\big|_{AA'}}{3\sqrt{r_0}} \tag{4-12}$$

上式中，$u_X(t)\big|_{AA'}$、$u_X(t)\big|_{BB'}$、$u_Y(t)\big|_{AA'}$ 和 $u_Y(t)\big|_{BB'}$ 分别为裂隙尖端面上节点 A、A'、B、B' 的 X 和 Y 方向的相对位移，位移表达式如下列各式。

$$u_X(t)\big|_{AA'} = u_X(t)\big|_A - u_X(t)\big|_{A'} \tag{4-13}$$

$$u_X(t)\big|_{BB'} = u_X(t)\big|_B - u_X(t)\big|_{B'} \tag{4-14}$$

$$u_Y(t)\big|_{BB'} = u_Y(t)\big|_B - u_Y(t)\big|_{B'} \tag{4-15}$$

$$u_Y(t)\big|_{AA'} = u_Y(t)\big|_A - u_Y(t)\big|_{A'} \tag{4-16}$$

上列各式是 Ⅰ 型断裂和 Ⅱ 型断裂韧度的理论计算公式。实际上，在中心直裂纹巴西圆盘冲击中，不同的加载角度获得的是不同程度的 Ⅰ-Ⅱ 型复合断裂。当加载角为 0° 时，所获得的断裂方式为纯 Ⅰ 型断裂；当裂纹长度与试样直径比值为 0.3，加载角为 27.2° 左右时是 Ⅱ 型断裂。因此，要获取 Ⅰ 型和 Ⅱ 型动态应力强度因子的时程曲线，所需采取的加载方式分别如图 4-16 和图 4-17 所示。

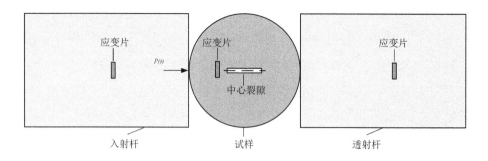

图4-16　通过中心裂纹巴西盘获取 I 型断裂动态应力强度因子的试样加载示意图

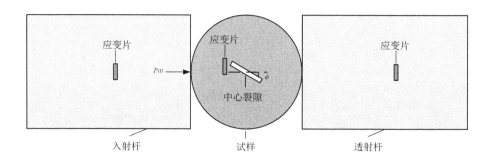

图4-17　通过中心裂纹巴西盘获取 II 型断裂动态应力强度因子的试样加载示意图

　　在计算裂纹尖端附近的位移场时，本文参考文献，通过有限元分析软件 ANSYS 对动载荷作用下的裂纹尖端的位移场进行计算，获得裂纹面上的节点 B、B'、A、A' 的位移时程曲线。在构建中心裂纹巴西圆盘试样的模型时，网格尺寸选择自由划分的方式，对于模型的裂纹尖端区域，采用1/4节点奇异单元组成。模型的力学参数以前文试样的实际参数为依据，泊松比为 0.22，屈服准则为 Von Mises 准则。关于模型的约束，设置模型的一端为固定位移约束，另一端施加动态载荷，载荷时程曲线采用 SHPB 试验的实测冲击载荷时程曲线。网格模型如图 4-18 和图 4-19 所示，按照上文所计算获得的典型动态应力强度因子时程曲线如图 4-20 所示。

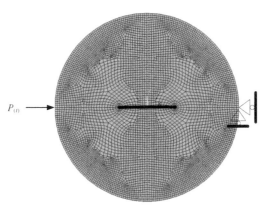

图 4-18　中心裂纹巴西盘获取 I 型断裂动态应力强度因子的 ANSYS 网格模型

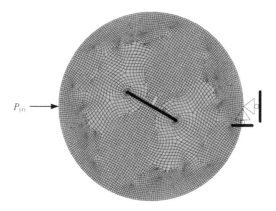

图 4-19　中心裂纹巴西盘获取 II 型断裂动态应力强度因子的 ANSYS 网格模型

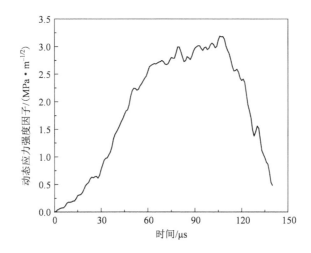

图 4-20　冻融作用下岩体的典型动态应力强度因子的时程曲线

4.4.2　断裂时间

　　断裂时间是计算试样断裂韧度的重要参数，本次试验是通过粘贴在巴西圆盘试样上的应变片来确定断裂时间。当试样开始受到冲击应力作用时，粘贴在试样上的应变片受到载荷而产生电压信号，当电压信号的变化率达到峰值时，意味着裂纹开始破裂，本文采用应变片记录的电压对时间的导数的峰值作为裂纹起裂时刻。本文采用电压对时间的导数的峰值 t_e 作为裂纹起裂时刻，减去左端开始受到载荷的时刻 t_s，即得到试样的断裂时间 t_f，获得断裂时间的方法如图 4-21 所示。

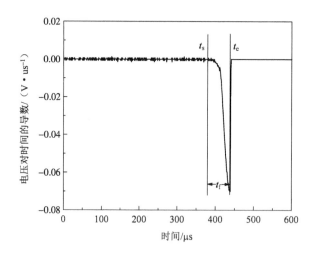

图 4-21　裂纹尖端的电压对时间的导数曲线及断裂时间的确定

4.4.3　冻融作用下岩体的 I 型断裂力学特性

　　试样的动态断裂拉伸强度和动态断裂韧度是两种表征岩体冲击断裂特性的参数，本节通过中心直裂纹巴西圆盘动态劈裂试验，获得了试样的动态断裂拉伸强度和动态载荷时程曲线，通过动态载荷时程曲线进一步计算出试样的断裂韧度。试样在经过了不同循环冻融后的动态断裂拉伸强度和I型动态断裂韧度的均值统计如表 4-4 和图 4-22 所示。

表 4-4　各试样 I 型动态断裂拉伸强度及动态断裂韧度均值统计表

循环冻融次数	试样编号	起裂时刻/μs	动态劈裂强度/MPa	I型动态断裂韧度/(MPa·m$^{-1/2}$)
0	R0-1	47	13.0	2.03
	R0-2	41	11.4	1.91
	R0-3	59	12.0	1.86
	R0-4	52	11.0	2.21
20	R1-1	53	11.2	1.68
	R1-2	54	10.9	1.46
	R1-3	43	11.1	1.48
	R1-4	46	11.0	1.41
40	R2-1	50	10.9	1.45
	R2-2	50	10.1	1.37
	R2-3	52	10.1	1.00
	R2-4	52	10.0	1.24
60	R3-1	—	—	—
	R3-2	50	10.2	0.80
	R3-3	53	9.83	1.00
	R3-4	50	9.51	1.06
80	R4-1	39	8.34	0.54
	R4-2	47	8.03	0.74
	R4-3	41	8.01	0.59
	R4-4	49	7.82	0.53
100	R5-1	50	7.53	0.60
	R5-2	44	7.02	0.37
	R5-3	40	7.04	0.31
	R5-4	53	6.00	0.35

（1）I 型动态断裂拉伸强度

如图 4-22 所示，试样的 I 型动态断裂拉伸强度随着循环冻融次数的增加而非线性降低。当循环冻融次数为 0 时，动态断裂拉伸强度的均值为 11.85 MPa，当试样分别经历了 20、40、60、80 和 100 循环后，试样的动态断裂拉伸强度分别

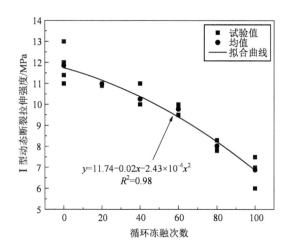

图 4-22 不同循环冻融下试样的 I 型动态断裂拉伸强度变化

下降至 10.98 MPa、10.25 MPa、9.77 MPa、8.03 MPa 和 6.88 MPa，降幅分别为 7.34%、13.50%、17.55%、32.23% 和 41.94%。由图 4-22 可知，试样的动态断裂拉伸强度在循环冻融的早期下降速率稍慢，在后期的下降速率增加。主要是因为循环冻融作用造成的损伤是随着循环冻融次数的增加而逐渐累积的，在循环冻融作用的前期，试样的损伤作用不明显，动态断裂拉伸强度降速较慢，随着循环冻融次数的逐渐增加，损伤在试样内部逐渐累积，在这种损伤累积效应的作用下，动态劈裂强度降幅增大。

（2）I 型动态断裂韧度

图 4-23 为不同循环冻融下试样的 I 型动态断裂韧度变化。如图所示，试样 I 型动态断裂韧度也是随循环冻融次数增加而降低。当循环冻融次数为 0 时，I 型动态断裂韧度的均值为 2.00 MPa·m$^{1/2}$，当试样分别经历了 20、40、60、80 和 100 循环后，试样的 I 型动态断裂韧度分别下降至 1.51 MPa·m$^{1/2}$、1.27 MPa·m$^{1/2}$、0.95 MPa·m$^{1/2}$、0.60 MPa·m$^{1/2}$ 和 0.40 MPa·m$^{1/2}$，降幅分别为 24.52%、36.68%、52.32%、69.88% 和 79.73%。

与动态断裂拉伸强度随循环冻融次数的变化趋势不同的是，I 型动态断裂韧度在循环冻融作用的早期下降速率较快，而在循环冻融作用的后期下降速率变慢。分析认为，这是因为试样当中的裂纹起裂与裂纹附近的岩体损伤情况和动态加载的大载荷、瞬时性密切相关。由于冻融损伤是水冰相变和水分迁移等多因素共同作用所导致的，因此，接触水分更密切的自由面更容易发生损伤，并由此向材料内部蔓延。在冻融作用的早期，裂隙尖端附近的岩石材料率先发生损伤，在

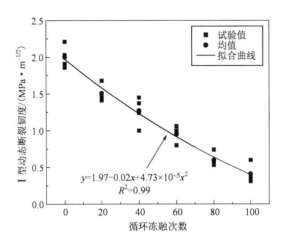

图 4-23　不同循环冻融下试样的 I 型动态断裂韧度变化

瞬态冲击的作用下，试样内部的断裂率先在应力集中部位萌生、发展并贯通。随着循环冻融次数增加，冻融作用造成裂纹尖端附近的原有中孔、大孔更容易进一步发育、贯通，造成该区域内的损伤非均质发展。此外，冲击产生的应力大于试样内部的断裂应力，由于试样内部的非均质孔隙结构进一步发展，试样损伤增大，胶结能力下降，更容易沿着主裂面发生断裂，造成试样 I 型动态断裂韧度在冻融早期快速降低。随着循环冻融作用次数的增加，裂纹面附近的损伤进一步累积，造成 I 型动态断裂韧度继续降低，但是，损伤的进一步发育和累积同样导致了该区域内的损伤的非均质性下降，在动态冲击下，拉伸断裂裂纹开始增多，更多的断裂面在冲击下产生了，导致循环冻融后期 I 型动态断裂韧度降低速率放缓。

（3）I 型动态断裂拉伸强度与动态断裂韧度的关系

由图 4-24 可知，动态断裂拉伸强度和 I 型动态断裂韧度之间呈现出良好的相关性。随着动态断裂拉伸强度的增加，试样的 I 型动态断裂韧度也增加。这是因为随着试样动态断裂韧度的增加，试样的抗拉裂的能力也增强，造成试样断裂破坏所需的载荷也随之增加，岩体的动态断裂拉伸强度增大。但是，冻融作用下岩体动态断裂拉伸强度和 I 型动态断裂韧度之间的关系是非线性的。这也说明了准静态法中采用应力强度因子峰值时刻（对应于拉伸强度时刻）所计算的 I 型动态断裂韧度的不足。如果采用应力强度因子峰值时刻去计算动态断裂韧度，动态断裂拉伸强度和 I 型动态断裂韧度线性相关。本文中动态断裂拉伸强度和 I 型动态断裂韧度的关系曲线呈上凹形，这表明了在相同的动态劈裂强度下，本文中获得的 I 型动态断裂韧度大于准静态法获得的 I 型动态断裂韧度，与文献中的现象一致。这是因为试样受到高速瞬态的冲击作用,试样内部的变形和破坏因为惯性的作用而发生滞后,导致试样受到最大载荷的时刻和起裂是不一致的,起裂时刻是滞后于最大载荷时刻,准静态法所获取的断裂韧度偏小(图4-14)。

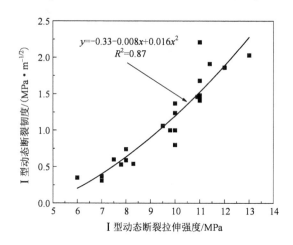

图4-24 试样的Ⅰ型动态断裂拉伸强度和动态断裂韧度之间的关系

4.4.4 冻融作用下岩体的Ⅱ型断裂力学特性

通过采用27.2°加载角对中心直裂纹巴西圆盘试件进行动态冲击,获得了Ⅱ性断裂的动态断裂拉伸强度和载荷时程曲线,再通过动态的载荷时程曲线进一步计算出试样的Ⅱ型动态断裂韧度。试样在不同循环冻融后的Ⅱ型动态断裂拉伸强度和动态断裂韧度的均值统计如表4-5和图4-25所示。

表4-5 不同循环冻融试样动态断裂拉伸强度Ⅱ型动态断裂韧度统计表

循环冻融次数	试样编号	起裂时刻/μs	动态劈裂强度/MPa	Ⅱ型动态断裂韧度/($MPa·m^{-1/2}$)
0	S0-1	51	13.02	1.93
	S0-2	100	11.63	1.73
	S0-3	60	11.41	2.06
	S0-4	50	11.42	2.34
20	S1-1	115	11.33	1.65
	S1-2	45	10.59	1.34
	S1-3	76	10.07	1.61
	S1-4	—	—	—

续表4-5

循环冻融次数	试样编号	起裂时刻/μs	动态劈裂强度/MPa	II型动态断裂韧度/（MPa·m$^{-1/2}$）
40	S2-1	51	9.82	1.27
	S2-2	57	9.71	1.19
	S2-3	72	9.48	1.42
	S2-4	54	8.93	1.45
60	S3-1	54	8.30	0.92
	S3-2	39	8.10	0.97
	S3-3	97	7.90	0.94
	S3-4	—	—	—
80	S4-1	60	7.21	0.59
	S4-2	50	7.03	0.49
	S4-3	80	6.68	0.61
	S4-4	107	6.50	0.51
100	S5-1	50	2.00	0.17
	S5-2	75	1.81	0.33
	S5-3	73	1.30	0.31
	S5-4	—	—	

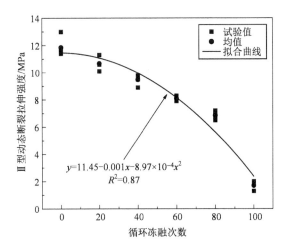

图4-25　不同循环冻融下试样的 II 型动态断裂拉伸强度变化

（1）Ⅱ型动态断裂拉伸强度

如图 4-25 所示，试样的Ⅱ型动态断裂拉伸强度随着循环冻融次数的增加而降低。当循环冻融次数为 0 时，动态断裂拉伸强度的均值为 11.85 MPa，当试样分别经历了 20、40、60、80 和 100 循环后，试样的动态断裂拉伸强度分别下降至 10.67 MPa、9.48 MPa、8.1 MPa、6.85 MPa 和 1.7 MPa，降幅分别为 9.96%、20.00%、31.65%、42.19% 和 85.65%。由图 4-25 可知，试样的动态断裂拉伸强度在循环冻融的早期下降较慢，在冻融后期的下降速率较快，同样是因为在循环冻融作用的前期，试样的损伤作用不明显，动态劈裂强度降速较慢，随着循环冻融次数的逐渐增加，损伤在试样内部逐渐累积，这种损伤累积效应导致动态断裂拉伸强度降幅增大。

（2）Ⅱ型动态断裂韧度

图 4-26 为不同循环冻融下试样的Ⅱ型动态断裂韧度变化。如图 4-26 所示，试样的Ⅱ型动态断裂韧度随着循环冻融次数的增加而近似线性下降。当循环冻融次数为 0 时，Ⅱ型动态断裂韧度的均值为 2.01 MPa·m$^{1/2}$，当试样分别经历了 20、40、60、80 和 100 循环后，试样的动态劈裂强度分别下降至 1.53 MPa·m$^{1/2}$、1.34 MPa·m$^{1/2}$、0.95 MPa·m$^{1/2}$、0.55 MPa·m$^{1/2}$ 和 0.27 MPa·m$^{1/2}$，降幅分别为 23.95%、33.72%、53.07%、72.8% 和 86.59%。

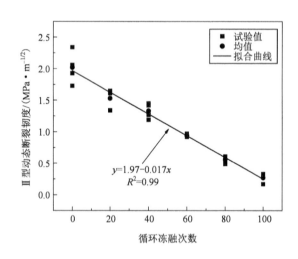

图 4-26　不同循环冻融下试样的Ⅱ型动态断裂韧度变化

与Ⅱ型动态断裂拉伸强度随循环冻融次数的变化趋势不同的是，Ⅱ型动态断裂韧度随着循环冻融作用的增加而近似线性下降，分析认为，这与裂纹附近的岩体损伤情况和试样的受力密切相关。与Ⅰ型断裂时裂纹尖端区域受到拉张应力的情况不同，Ⅱ型断裂发生时，裂纹尖端区域受到剪切应力。受冻融作用的影响，虽然裂纹尖端附近的原有中孔、大孔更容易进一步发育、贯通，造成该区域内的损伤非均质发展，但是，该区域内的剪切应力对试样的裂纹周边的孔隙进行了压缩，抑制了冻融造成的非均质性影响，在这种剪切应力作用下，试样的Ⅱ型动态断裂韧度随着循环冻融次数的增加而线性降低。

（3）Ⅱ型动态断裂拉伸强度与断裂韧度的关系

由图 4-27 可知，与Ⅰ型动态断裂拉伸强度和动态断裂韧度之间的关系类似，Ⅱ型动态断裂拉伸强度和动态断裂韧度之间呈现出良好的非线性相关性。随着动态断裂拉伸强度的增加，试样的Ⅱ型动态断裂韧度也增加。产生这种相关性的原因与上文中试样拉伸破坏的原因一致，此处不再赘述。

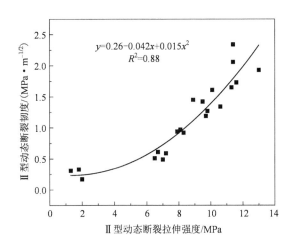

图 4-27　试样的Ⅱ型动态断裂拉伸强度和动态断裂韧度之间的关系

4.4.5　冻融作用下岩体断裂韧度的应变率效应

由于岩体在不同的加载率下的力学特性会发生相应的变化，这是所谓的应变率效应。为了探究在不同应变率加载下冻融作用下岩体的断裂力学特性，本次试验中分别采用 0.3 MPa、0.35 MPa、0.4 MPa 和 0.45 MPa 的冲击气压对经历了不同循环冻融次数的岩体进行Ⅱ型动态劈裂实验，获得不同气压冲击下的试样Ⅱ型动态断裂拉伸强度和动态断裂韧度，如图 4-28 和表 4-6 所示。

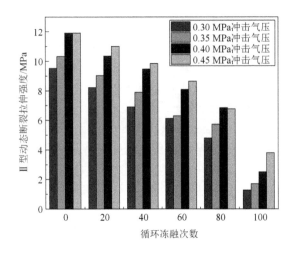

图4-28　不同循环冻融后试样在各冲击气压下的 II 型动态断裂拉伸强度

表4-6　试样 II 型动态劈裂强度和动态断裂韧度均值统计表

循环冻融次数	冲击气压/MPa	动态劈裂强度均值/MPa	II 型动态断裂韧度均值/（MPa·m$^{1/2}$）
0	0.30	9.53	1.64
	0.35	10.33	1.91
	0.40	11.90	2.02
	0.45	11.92	2.08
20	0.30	8.23	1.42
	0.35	9.03	1.48
	0.40	10.35	1.53
	0.45	11.04	1.61
40	0.30	6.91	1.08
	0.35	7.90	1.17
	0.40	9.48	1.34
	0.45	9.85	1.39
60	0.30	6.13	0.86
	0.35	6.30	0.89
	0.40	8.12	0.95
	0.45	8.65	0.98

续表4-6

循环冻融次数	冲击气压/MPa	动态劈裂强度均值/MPa	Ⅱ型动态断裂韧度均值/（MPa·m^{1/2}）
80	0.30	4.79	0.46
	0.35	5.73	0.50
	0.40	6.85	0.55
	0.45	6.77	0.61
100	0.30	1.27	0.20
	0.35	1.71	0.24
	0.40	2.51	0.27
	0.45	3.78	0.55

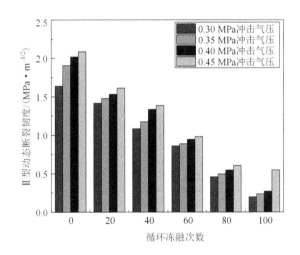

图 4-29　不同循环冻融后试样在各冲击气压下的 Ⅱ 型动态劈裂韧度

　　冻融作用岩体在不同气压冲击下的动态断裂拉伸强度和 Ⅱ 型动态断裂韧度的变化规律如上图 4-28 和图 4-29 所示。由图 4-28 可知，当冲击气压分别为 0.30 MPa、0.35 MPa、0.45 MPa 时，岩体试样的动态断裂拉伸强度随循环冻融次数的变化规律基本上与冲击气压为 0.40 MPa 时一致。随着循环冻融次数的增加，不同气压冲击下试样的动态断裂拉伸强度均呈现出降低的趋势。在循环冻融作用的前期，不同冲击气压作用下的试样的动态断裂拉伸强度下降较慢；随着冻融作用进行，试样的动态断裂拉伸强度的下降速率均有所增大。

在Ⅱ型动态断裂韧度随循环冻融次数的变化规律方面，试样的Ⅱ型断裂韧度均随着循环冻融次数的增加而线性降低。这说明冲击气压的变化虽然改变了动态劈裂强度和Ⅱ型断裂韧度，但是没有改变试样的动态断裂特性随循环冻融的变化规律。此外，由上图5-29可知，试样的动态断裂拉伸强度和Ⅱ型断裂韧度均随着所施加的冲击气压的增大而近线性增大，这种规律在试样经历了不同的循环冻融作用后仍然保持。

在进行冲击试验时，即使采用相同的冲击气压给试样施加冲击载荷，入射杆获得的子弹冲击速度也有可能不一致。进一步地，本文对不同应变率作用下冻融作用岩体的Ⅱ型动态断裂拉伸强度和动态断裂韧度的变化规律进行分析。不同应变率下试样的Ⅱ型动态断裂拉伸强度和动态断裂韧度的变化如图4-30和图4-31所示。

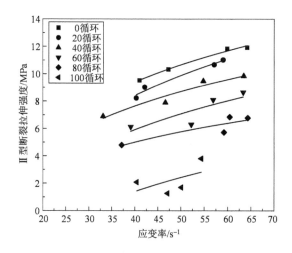

图4-30 不同循环冻融试样的Ⅱ型动态劈裂强度随应变率变化

表4-7 不同循环冻融试样的Ⅱ型动态劈裂强度随应变率演化拟合式

循环冻融次数	Ⅱ型断裂拉伸强度拟合式	R^2
0	$y = 5.63\ln(x) - 11.37$	0.99
20	$y = 6.59\ln(x) - 15.88$	0.97
40	$y = 4.77\ln(x) - 9.95$	0.94
60	$y = 5.20\ln(x) - 13.27$	0.72
80	$y = 3.42\ln(x) - 7.61$	0.79
100	$y = 4.60\ln(x) - 15.57$	0.27

　　图 4-30 和表 4-7 展示了不同循环冻融后试样的 II 型动态断裂拉伸强度与应变率之间的关系。由上图 4-30 可知，冻融作用下岩体的动态断裂拉伸强度基本随着应变率的增加而增加。当试样经历的循环冻融次数较小时，动态劈裂强度表现出良好的应变率相关性；然而，当试样经历了 100 循环冻融之后，动态断裂拉伸强度和应变率相关性的相关性急速下降。分析认为，当试样经历了 100 循环冻融作用时，试样内部的损伤积累到一定程度，试样内部的大孔隙数量明显增多，这些大孔隙在试样内部贯通形成的小裂隙导致试样内部的非均质性增强，造成了测试结果的离散性。

　　图 4-31 为不同循环冻融试样的 II 型动态断裂韧度随应变率变化。由图 4-31 可知，岩体的 II 型动态断裂韧度基本随着应变率的增加而增加，与冲击气压一致。当循环冻融次数较小时，II 型动态断裂韧度表现出良好的应变率相关性，而循环冻融次数超过 80 个循环后，动态劈裂强度和应变率相关性的相关性下降，分析认为，同样是冻融作用产生的大孔隙和小裂隙，增强了试样内部的非均质性增强所造成的。

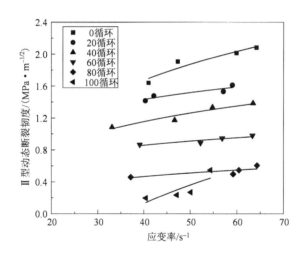

图 4-31　不同循环冻融试样的 II 型动态断裂韧度随应变率变化

表 4-8　不同循环冻融试样的 II 型动态断裂韧度随应变率演化拟合式

循环冻融次数	II 型动态断裂韧度拟合式	R^2
0	$y = 0.89\ln(x) - 1.62$	0.91
20	$y = 0.38\ln(x) - 0.02$	0.84

续表4-8

循环冻融次数	Ⅱ型动态断裂韧度拟合式	R^2
40	$y = 0.48\ln(x) - 0.62$	0.92
60	$y = 0.23\ln(x) - 9.48$	0.83
80	$y = 0.20\ln(x) - 0.28$	0.65
100	$y = 1.04\ln(x) - 3.70$	0.66

此外，由图4-31可知，当循环冻融次数较小时，应变率增大造成的Ⅱ型动态断裂韧度的增幅较大；而随着循环冻融次数的增加，应变率增长带来的Ⅱ型动态断裂韧度的增幅有减小的趋势。这表明，应变率较小时，各组试样的断裂韧度差距较小，而当应变率较大时，这种断裂韧度的差距就会变大，文献在研究高温对岩石动态断裂韧度的影响时也发现了类似现象。分析认为，这可能与岩体的自身抗断裂能力有关，当试样内部的损伤较少时，试样的承载能力和抗断裂能力也就越强，所能承受的冲击载荷以及对冲击载荷的反应能力也就越强，此时，岩石对应变率的变化更加敏感；相反，若试样内部的损伤较大时，试样的承载能力和抗断裂能力也就越差，所能承受的冲击载荷以及对冲击载荷的反应能力也就越弱，此时，岩石对应变率的变化不敏感，但是试样可能会更加破碎。因此，岩石在损伤程度更大时，应变率对断裂韧度的影响相对更小。

4.5 冻融作用下岩体孔隙结构与动态力学参数关联分析

4.5.1 孔隙结构与动态压缩力学参数关系

由图4-32(a)和图4-32(b)可知，动态冲击压缩下，冻融试样的动态峰值应力和动态弹性模量均随着大孔谱面积的增加而呈指数降低。当谱面积小于800左右时，动态峰值应力和动态弹性模量随着大孔谱面积快速降低；谱面积大于800之后，动态峰值应力和动态弹性模量的降低速度明显变慢。分析认为，在冻融作用的前期，大孔快速产生和扩展，弱化了岩体结构和内部的胶结性能。在高速的动态冲击压缩下，由于冲击载荷远大于试样的强度，试样内部的微小裂隙在横向张拉应力下形成贯通的拉伸裂纹。随着大孔谱面积的不断增加，逐渐增多的大孔为更多张拉裂纹的形成和扩展提供了条件，试样的胶结能力也越来越弱，因此，动态峰值应力和动态弹性模量快速降低。当大孔谱面积达到阈值后，由于内部大孔十分发育，试样内部的胶结能力也大幅降低，在远大于试样强度的冲击作

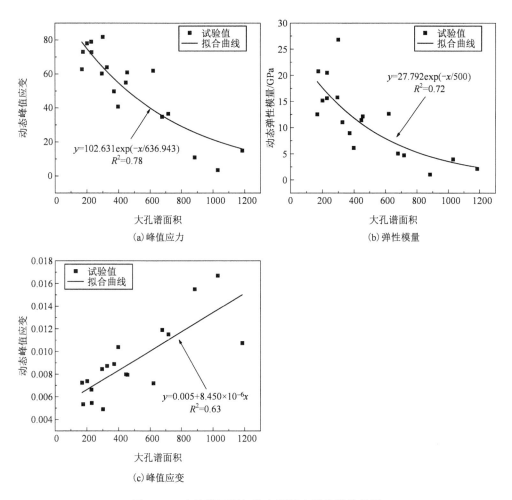

(a) 峰值应力

(b) 弹性模量

(c) 峰值应变

图 4-32　大孔谱面积与动态压缩力学参数的关系

用下，试样内部破坏裂隙的形成受到大孔的影响变小，而是到处形成贯通裂隙。在此状态下，大孔谱面积的增加对于试样力学的弱化作用减弱了，大孔谱面积达到一定的阈值后，试样破坏面增多，而动态峰值应力和动态弹性模量的下降趋势变缓。

图 4-32(c) 中试样的动态峰值应变随着大孔谱面积的增加而线性增加则是因为大孔增加导致试样的胶结和承载能力降低所导致的。随着大孔谱面积的增加，试样内部的冻融损伤不断增加，在动载的作用下变形也随之增大，峰值应变也随之增加。

4.5.2 孔隙结构与动态劈裂力学参数关系

由图 4-33 和图 4-34 可知, 冻融作用下岩体 I 型拉伸应力、I 型动态断裂韧度、II 型拉伸应力以及 II 型动态断裂韧度均随着大孔谱面积的增加而呈现指数降低。谱面积 800 左右时是阈值, 当谱面积小于 800 时, 动态劈裂力学参数随着大孔谱面积的增加而快速下降; 当谱面积大于 800 时, 动态劈裂力学参数随着大孔谱面积的增加而快速下降的趋势放缓。

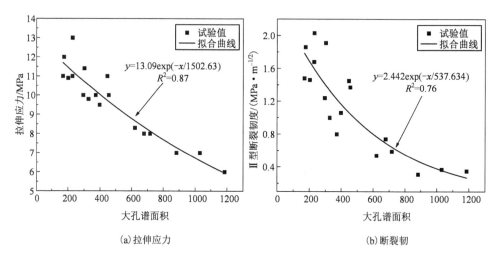

图 4-33　大孔谱面积与 I 型断裂的拉伸应力和断裂韧度的关系

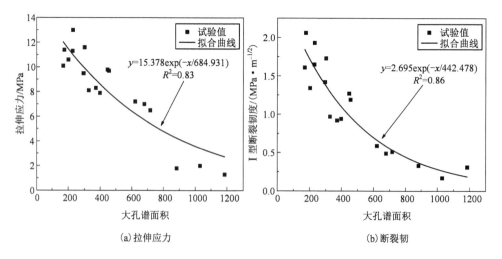

图 4-34　大孔谱面积与 II 型断裂的拉伸应力和断裂韧度的关系

　　分析认为，在冻融作用早期大孔谱面积较小时，在动态劈裂的作用下，试样在应力集中区域形成一条主要的宏观劈裂裂隙，随着大孔谱面积的增大，试样内部的大孔结构快速发育，试样的胶结能力快速弱化，宏观劈裂裂隙的形成更加容易，因此，动态劈裂力学参数在此阶段快速降低。当大孔谱面积超过阈值后，大孔在试样内部十分发育，试样的胶结能力也大幅降低，在大载荷的动态冲击下，沿着断裂面产生更多的宏观劈裂裂隙，此时，大孔谱面积的增加有助于更多宏观劈裂裂隙的形成，但是对于动态劈裂力学参数衰减的影响变小。

4.6　冻融与裂隙作用下试样动态破坏特性

4.6.1　冲击压缩下试样的动态破坏特性

　　试样的破坏形态受到试样内部的损伤结构特征、宏观裂隙特征和外部受力状态的综合作用，反映了试样的内部损伤和加载时的受力特征。本节对冻融和倾角作用下试样的动态压缩和劈裂作用下的破坏特性进行了观察和分析。

　　图 4-35 为不同循环冻融下试样在冲击压缩下的破坏形态。由上图可知，随

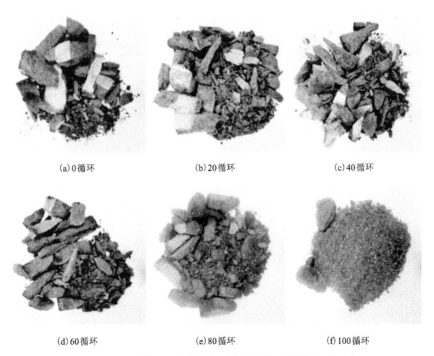

(a) 0 循环　　　　　　　(b) 20 循环　　　　　　　(c) 40 循环

(d) 60 循环　　　　　　　(e) 80 循环　　　　　　　(f) 100 循环

图 4-35　不同循环冻融下试样在冲击压缩下的破坏形态

着冻融次数的增加，冲击压缩所造成的试样的破碎块度在逐渐降低。当循环冻融次数为 0 时，较大块度的块状碎块和中等块度的细条状、锥状碎块较多，而小块度的细块状和粉末状的碎块较少。随着循环冻融次数的增加，大块度的碎块减少，而中等块度和小块度的碎块增多。以 40 和 60 循环后的试样破坏形态为例，如图 4-35(c) 和图 4-35(d)，此时大块度的碎块已经较少，而中等快度和小块度的碎块增多。当循环冻融次数为 100 时，试样的碎块主要以粉末状的小块度碎块为主。

试样破坏形态发生变化是因为循环冻融作用一方面促进了试样内部孔隙结构的发育，另一方面削弱了内部结构的胶结能力。随着循环冻融作用累积，试样内部孔隙数量和孔径逐渐增大，在外部动态压缩应力作用下，试样内部的已经较为发育的孔隙结构更加容易合并和贯通，形成更多的贯通裂隙以切割岩体的块状结构。此外，随着循环冻融作用的发展，岩体试样的胶结能力也逐渐衰减，在外部的动态压缩应力作用下，试样内部的胶结结构更加容易发生破坏。

岩体试样中的裂隙倾角对试样的破坏形态有重要的影响。由图 4-36 可知，

(a) 0°　　　　(b) 30°　　　　(c) 45°

(d) 60°　　　　(e) 90°

图 4-36　含有不同倾角裂隙试样经历 30 循环冻融后在冲击压缩下的破坏形态

在裂隙倾角为 0° 和 90° 时，破坏试样中存在较多大块的条柱状碎块，而少见锥状的碎块；在裂隙倾角为 30° 和 60° 时，破坏试样中大块的条柱状碎块较少，包含有一些中等块度的块状及锥状的碎块；在裂隙倾角为 45° 时，基本不见条柱状碎块，碎块以中等块度的块状及锥状的碎块为主。这表明，当裂隙倾角为 0° 和 90° 时，试样主要受到横向张拉应力，因此其破坏以张拉破坏为主，形成了破坏面与轴向基本平行的条柱状碎块。当裂隙倾角为 45° 时，试样主要受到剪切应力，在高速的剪切应力作用下，会产生与试样轴向成一定角度的穿切裂纹对试样进行切割，导致试样形成中等块度的块状及锥状的碎块。当裂隙倾角为 30° 和 60° 时，试样受到拉张和剪切应力的综合作用，因此，破坏的碎块中既有条柱状碎块，又有中等块度的块状及锥状的碎块。

4.6.2　冲击劈裂下试样的动态破坏特性

图 4-37 为不同循环冻融后试样在 I 型冲击劈裂下的破坏形态。从破碎块度上来看，当循环冻融次数为 0 时，试样沿着直裂纹被劈裂成两块半圆盘；当循环

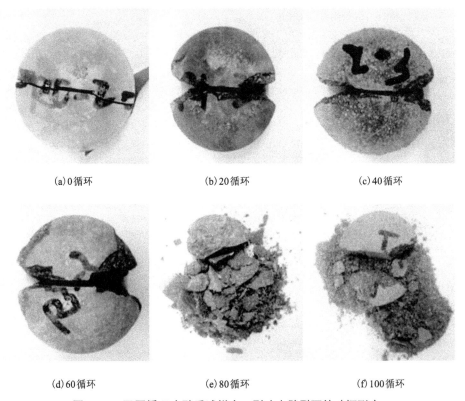

(a) 0 循环　　　　　　　(b) 20 循环　　　　　　　(c) 40 循环

(d) 60 循环　　　　　　　(e) 80 循环　　　　　　　(f) 100 循环

图 4-37　不同循环冻融后试样在 I 型冲击劈裂下的破坏形态

冻融次数为 100 时，圆盘试样破坏后的块度明显减小，甚至出现大量的粉末状岩屑。

从破坏形态上来看，试样在Ⅰ型冲击劈裂下，拉伸裂纹在冲击应力加载区域和中心直裂纹的端点之间形成，这种破坏拉伸破坏形式不随着循环冻融次数的增加而发生变化。不同的是，由于巴西圆盘加载时在动态加载区域附近存在一个三角形的剪切破坏区，在经历了不同的循环冻融之后，三角形剪切破坏区域随着循环冻融次数的增加呈现出明显的扩大趋势。这是因为冻融损伤不仅造成了试样内部的孔隙的扩张，还衰减了颗粒间的胶结能力，这使得剪切应力区附近的岩石结构随着循环冻融次数的增加更容易破坏，因此，三角破坏区也随着循环冻融次数的增加而增大。

由图 4-38 可知，经历不同循环冻融的Ⅱ型冲击劈裂破坏的形态与Ⅰ型的破坏形态稍有不同。破坏形态上来看，试样在Ⅱ型冲击劈裂下，裂纹的延伸方向与中心直裂纹之间成一定的夹角，而非平行延伸。Ⅱ型冲击劈裂下的剪切裂纹在冲击应力加载区域和中心直裂纹的端点之间形成，这种剪切拉伸破坏形式不随着循环冻融次数的增加而发生变化。

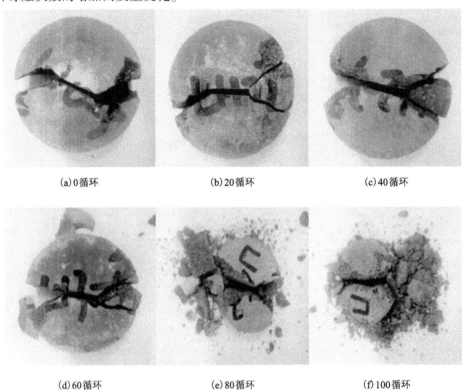

(a) 0 循环   (b) 20 循环   (c) 40 循环

(d) 60 循环   (e) 80 循环   (f) 100 循环

图 4-38　不同循环冻融下试样在Ⅱ型冲击劈裂下的破坏形态

在 II 型剪切劈裂中, 由于应力可以分解为沿着中心直裂纹的、方向相反的冲击剪切应力, 和垂直于中心直裂纹的、方向相反的拉伸应力。因此, 中心直裂纹巴西圆盘在进行 II 型的剪切劈裂时, 加载区域附近存在一个三角形的拉伸破坏区。在经历了不同的循环冻融之后, 三角形拉伸破坏区域同样随着循环冻融次数的增加呈现出的扩大趋势。这同样是因为冻融损伤造成的试样内部的孔隙的扩张和颗粒间胶结力的衰减导致的。

图 4-39 为不同冲击气压下试样在 II 型冲击劈裂下的破坏形态对比。由上图可知, 当冲击气压为 0.3 MPa 时, 试样的三角形破坏区域较小, 尚未扩张到中心直裂纹附近, 且预制的中心直裂纹附近没有破坏。随着冲击气压的提高, 三角形破坏区域扩大, 在冲击气压达到 0.35 MPa 时, 破坏区域扩张至中心直裂纹的

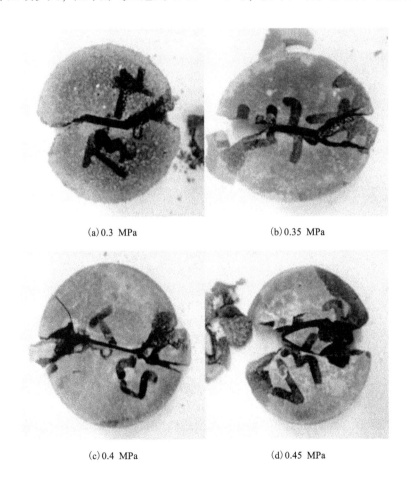

(a) 0.3 MPa　　　　　　　　　(b) 0.35 MPa

(c) 0.4 MPa　　　　　　　　　(d) 0.45 MPa

图 4-39　不同冲击气压下试样在 II 型冲击劈裂下的破坏形态对比

两端。当冲击气压达到 0.40 MPa 时，可以发现试样的径向的破坏区域进一步增大，此时，中心直裂纹附近仍没有明显的破坏。当冲击气压达到 0.45 MPa 时，破坏区域进一步扩展至中心裂纹，裂纹面附近出现破碎带。这表明破坏区域随着冲击气压的增大，试样内部的产生了更多的裂纹，试样在更大的应变率下更加破碎。

第 5 章 冻融岩体的分形特征及能量演化规律研究

5.1 概述

    自然界中存在许多分形现象,如海岸线边界、山峰形态、松塔和花椰菜的外形,这些物体在不同尺度上的自相似性是分形的表现。自 20 世纪 80 年代分形几何学被引入材料分析以来,人们发现材料中也存在分形现象。以岩石材料为例,岩石内部的缺陷结构的形态、分布,强度和破断力学行为,断裂面的起伏特征都表现出明显的分形特征。这些分形特征从不同的角度定量地反映着岩石材料的自然形状和物理力学特征。以岩石中孔隙结构的分形特征为例,随着孔隙不断萌生、扩张、聚集,岩石内部的孔隙结构不断发育,岩石的孔隙分形维数逐渐增加,表征岩石内部的孔隙结构的复杂程度不断增加。同样地,随着岩石试样损伤的不断累积,其破坏后的岩屑的质量分布也表现出分形特征。因此,采用分形的方法来研究岩石的物理、力学性质为定量地描述岩石的损伤和破坏提供了不同的视角。

    岩石的压缩、变形、屈服和破坏过程一直伴随着能量的变化,能量是驱动岩石变形、屈服、破坏的内在因素。因此,岩石在变形和破坏过程中所需能量的变化直观地体现了岩石对能量的承载能力的变化,可以间接地表征、揭示岩石的损伤演化、破坏特征。因此,岩石在加载过程中的能量演化直接反映了岩体本身的损伤状态,从能量的角度去分析岩石的损伤和破坏具有重要的意义。

    本章以经历了不同循环冻融、包含有不同倾角的裂隙岩体为研究对象,从能量和分形的角度分别对静态加载和动态冲击加载下的岩体进行分析。研究了循环冻融和裂隙倾角对岩体的孔隙分形特征、破坏后岩屑的分形特征的影响,并且揭示了循环冻融和裂隙倾角对岩体静、动态加载方式下的单轴压缩、I 型断裂、II 型断裂过程中各个部分的能量演化规律。

5.2 循环冻融下岩体的分形特征

5.2.1 分形维数计算方法

由于岩石从细观的损伤到宏观的破坏过程都具有分形的特征，因此，在试样分形维数的表征方法上，也发展出了岩石的细观损伤分形和岩石破碎块度分布分形等多个方向。在本章中，采用试样的孔隙分形维数来表征岩体内部的细观损伤的分形特征，采用岩体破坏后的碎块质量分形维数来表征岩体的破坏分形特征。孔隙分形维数和碎块质量分形维数的计算方法如下所示。

（1）岩体的孔隙分形维数计算

岩体内部孔隙结构的自相似性是其分形特征的基础，这种自相似性表现在孔隙的数量和孔径之间，可通过幂律函数进行表达，其数学表达如下：

$$N(r) = \propto r^{-D} \tag{5-1}$$

式中：$N(r)$ 为岩体中孔径大于 r 的数量；r 为岩体内部孔隙结构的孔径；D 为岩体的分形维数。

$$N(r) = \int_r^{r_{max}} P(r)\,\mathrm{d}r = ar^{-D} \tag{5-2}$$

式中：$P(r)$ 为岩体中的孔径分布密度函数；r_{max} 为岩体中的孔径最大值；a 为比例系数。

因此，岩体中不同孔径范围的孔隙体积可以表示为。

$$V(r) = \int_{r_{min}}^r P(r) br^3\,\mathrm{d}r \tag{5-3}$$

式中：$V(r)$ 表示孔径小于 r 的所有孔隙的总体积；b 为孔隙的形状系数，当孔隙的形状为立方体时，该系数即为 1，当孔隙的形状被视为球体时，该系数即为 $4\pi/3$，该系数取决于孔隙的形状。

将式（5-3）代入式（5-2），得到孔隙体积和分形维数之间的关系，如下式：

$$V(r) = \int_{r_{min}}^r a'r^{-D-1} br^3\,\mathrm{d}r = a''(r^{3-D} - r_{min}^{3-D}) \tag{5-4}$$

式中：r_{min} 为岩体中最小孔隙的孔径；a' 和 a'' 为比例系数。

基于式（5-4），岩体孔隙的总体积分形维数可表达为：

$$S_{total} = V_{r_{max}} = a''(r_{max}^{3-D} - r_{min}^{3-D}) \tag{5-5}$$

式中：S_{total} 为孔隙的总体积；$V_{r_{max}}$ 为孔径小于 r_{max} 的孔隙的体积。

当小孔孔径和大孔孔径相差较大时，试样中的孔隙总体积的表达式为：

$$S_{\text{total}} = a'' r_{\max}^{3-D} \tag{5-6}$$

岩体中小孔的孔径小至纳米(nm)级别,与大孔的孔径相差巨大,因此,常用式(5-6)代替式(5-5)表达岩体内部孔隙的总体积。

因此,孔径小于 r 的孔隙体积之和与岩体的总孔隙度之间的关系如下式:

$$S_{\text{V}} = \left(\frac{r}{r_{\max}}\right)^{3-D} \tag{5-7}$$

式中: S_{V} 为孔径小于 r 的孔隙的体积与孔隙的总体积的比值。

由于岩体的 S_{V} 和孔隙的孔径分布可以通过压汞法、核磁共振等技术手段获取,因此,上式(5-7)是建立岩体内部孔隙结构与分形维数之间关系的关键。当采用压汞法获取岩体孔径分布与孔隙体积占比时,二者之间的关系是通过毛管压力与孔径之间的关系表征的;采用核磁共振法获取岩体孔径分布于孔隙体积占比时,是建立在试样的孔径与横向弛豫时间的线性转换关系的基础上。由于本文已经对岩体试样进行了核磁共振检测,因此,采用核磁共振参数来表征岩体内部孔径的参数与孔隙分形维数之间的关系,如下式所示:

$$S_{\text{V}} = \left(\frac{T_2}{T_{2\max}}\right)^{3-D} \tag{5-8}$$

式中: T_2 值为横向弛豫时间; $T_{2\max}$ 为 T_2 谱的最大值,对应试样最大孔径, $T_{2\max}$ 可在 T_2 谱上直接读取; S_{V} 通过孔隙度累积计算得到(图5-1)。

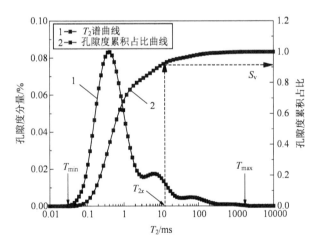

图 5-1　岩体 T_2 谱分布与 S_{V} 之间的关系

对式(5-8)等号两端取对数,可通过下式(5-9)计算孔隙结构的分形维数。

$$\lg(S_{\text{V}}) = (3 - D)\lg T_2 - (3 - D)\lg T_{2\max} \tag{5-9}$$

式中: $(3-D)\lg T_{2\max}$ 为常量, 以 $\lg T_2$ 为横坐标, $\lg(S_V)$ 为纵坐标绘制曲线, 通过该曲线斜率 $(3-D)$ 可以获得试样的孔隙结构分形维数。

（2）岩体的碎块质量分形维数计算

试样破坏后的碎块分形维数特征, 根据破坏粒度的大小, 可以分别采取粒度-数量、粒度-质量和长度-数量的方法计算, 其中, 粒度-数量和长度-数量这两种计算方法适合于破碎粒度较大而碎片较少的岩体, 对于比较破碎且粒度较小的岩体, 比较适合采用粒度-质量的方法计算其破碎岩屑的分形维数。

破碎的岩屑是内部具有自相似孔隙结构的试样在外载荷作用下产生的, 破碎裂隙的分布本身也具备自相似性。这种自相似性表现在岩屑数量和粒径之间的, 可用幂律函数进行数学表达, 数学表达如下:

$$N(l) = \propto l^{-D} \tag{5-10}$$

式中: $N(l)$ 为岩体中等效粒径大于 l 的数量; l 为岩体破坏后的等效粒径; D 为岩体的分形维数。

$$N(l) = \int_l^{l_{\max}} Q(l)\,\mathrm{d}l = cl^{-D} \tag{5-11}$$

式中: $Q(l)$ 为岩体中的粒度分布密度函数; $l_{\max}$ 为岩体中的粒度最大值; c 为比例系数。

因此, 岩体中不同粒度范围的碎屑质量可以表示为:

$$M(l) = \int_{l_{\min}}^l dQ(l)l^3\mathrm{d}l \tag{5-12}$$

式中: $M(l)$ 表示粒径小于 l 的岩体碎屑总质量; d 为相关系数, 受岩屑的形状、密度等因素影响。

参考上节的计算方式, 粒径小于 l 的碎屑质量之和与岩体总质量之间的比例关系见下式:

$$S_M = \frac{M(l)}{M_{\text{total}}} = \left(\frac{l}{l_{\max}}\right)^{3-D} \tag{5-13}$$

式中: M_{total} 为试样碎屑的总质量; S_M 为碎屑粒径小于 l 的岩块的累积质量与试样中碎屑总质量的比值。

对式（5-13）的两端取对数, 可通过式（5-14）计算碎屑的质量分形维数。

$$\lg(S_M) = (3-D)\lg l - (3-D)\lg l_{\max} \tag{5-14}$$

式中: $(3-D)\lg l$ 为常量; 以 $\lg l$ 为横坐标, $\lg(S_M)$ 为纵坐标绘制曲线, 通过该曲线斜率 $(3-D)$ 可以获得试样的碎屑质量的分形维数。

5.2.2　冻融作用下岩体的孔隙结构分形特征

孔隙结构的分形维数是对岩体内部细观结构发育程度定量表征的一个参数,近些年来被广泛用于岩土、油田测井等工程领域。对于孔隙空间结构,分形维数的范围在 2 到 3 之间,岩体孔隙的分形维数越小,孔隙的均匀性越强,分形维数越大,孔隙结构越复杂、不均匀。随着岩体中的分形维数的增加,孔隙结构经历了一个由简单向复杂发育的过程。

岩体在循环冻融作用下,内部的孔隙结构不断萌生、发展、连接、贯通,孔隙结构由简单向复杂发展。由前文第 3 章可知,岩体的细观结构随着所经历的循环冻融次数的增加有显著的变化,而随着岩体中的裂隙倾角的变化无明显的变化趋势,因此,仅对不同循环冻融后的岩体结构的孔隙度进行分析。

依据本章 5.2.1 节中孔隙分形维数的计算方法,对岩体的总分形维数(D)进行计算,如图 5-2(a)所示。为了进一步对岩体孔隙结构的分形特征进行细致分析,分别对小孔、中孔和大孔的分形维数(D_1、D_2 和 D_3)进行计算,如图 5-2(b)所示。不同循环冻融作用后各类分形维数的结果见表 5-1。

如图 5-2(a)所示,由于岩体的 $\lg(S_V)$-$\lg T_2$ 曲线的非线性特征明显,因此,采用线性拟合的方式去获取岩体总分形维数的拟合度(R^2)较小。如表 5-1 所示,D 的拟合度范围在 0.4 至 0.5 之间,说明采用 D 去表征岩体的孔隙结构存在较大的误差。但是,岩体的总分形维数随着循环冻融次数的增加仍表现出较为明显的变化趋势。

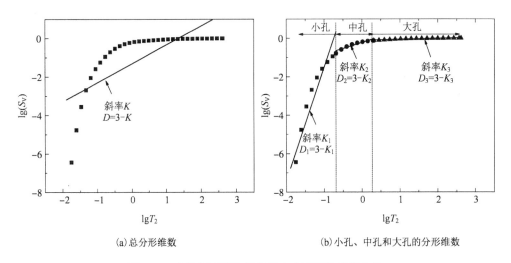

(a)总分形维数　　　　　　　(b)小孔、中孔和大孔的分形维数

图 5-2　试样在不同孔径范围内分形维数计算方法

表 5-1 不同循环冻融后各孔隙分形维数统计表

循环冻融次数	编号	分形维数							
		D	R^2	D_1	R^2	D_2	R^2	D_3	R^2
0	1	2.017	0.513	−0.504	0.955	2.369	0.916	2.949	0.840
	2	2.220	0.463	−0.619	0.964	2.354	0.909	2.971	0.800
	3	2.175	0.469	−0.548	0.956	2.391	0.898	2.947	0.871
	均值	2.137		−0.557		2.371		2.956	
20	1	2.242	0.444	−0.637	0.963	2.439	0.871	2.975	0.868
	2	2.020	0.506	−0.553	0.956	2.364	0.906	2.962	0.927
	3	2.084	0.495	−0.403	0.961	2.335	0.917	2.966	0.813
	均值	2.115		−0.531		2.379		2.968	
40	1	2.249	0.441	−0.639	0.963	2.424	0.872	2.982	0.852
	2	2.176	0.451	−0.633	0.963	2.447	0.861	2.985	0.817
	3	2.261	0.438	−0.588	0.962	2.442	0.877	2.985	0.752
	均值	2.229		−0.62		2.438		2.984	
60	1	2.266	0.437	−0.593	0.961	2.458	0.867	2.973	0.930
	2	2.265	0.431	−0.599	0.961	2.44	0.867	2.975	0.909
	3	2.193	0.478	−0.703	0.965	2.434	0.933	2.975	0.934
	均值	2.241		−0.632		2.444		2.974	
80	1	2.270	0.426	−0.543	0.959	2.54	0.810	2.984	0.944
	2	2.262	0.431	−0.546	0.959	2.502	0.834	2.986	0.901
	3	2.151	0.451	−0.589	0.955	2.508	0.830	2.989	0.840
	均值	2.228		−0.559		2.516		2.986	
100	1	2.254	0.436	−0.554	0.960	2.478	0.849	2.983	0.910
	2	2.268	0.429	−0.533	0.958	2.543	0.820	2.978	0.935
	3	2.267	0.427	−0.538	0.959	2.528	0.818	2.987	0.926
	均值	2.263		−0.542		2.517		2.983	

如图 5-3 所示，冻融作用下岩体的总分形维数的范围为 2.017~2.270，当循环冻融次数为 0 时，岩体的总分形维数均值为 2.137，经历了 100 次循环冻融后，总分形维数均值增长至 2.263，总分形维数随着循环冻融次数的增加近似线性增加，与岩体孔隙度的增长趋势相似。这表明岩体的初始孔隙结构发育程度较低，均质性较好，随着循环冻融次数的增加，岩体内部的孔隙结构在冻融作用下开始发展，孔隙结构进一步发育，其均质性开始下降，岩体内部孔隙结构的复杂程度增加。

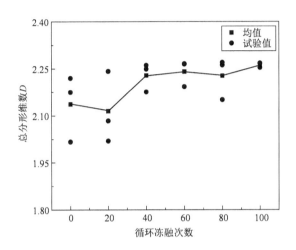

图 5-3　岩体经历不同循环冻融后的总分形维数

如图 5-4 所示，不同尺寸的孔隙分形维数随着循环冻融次数的增加表现出不同的变化趋势。小孔的分形维数的范围在 -0.703 至 -0.403 之间，不在常规的分形维数变化范围(2~3)之内。这种现象对于小孔分形维数来说是比较常见的，是因为当孔的孔径小于一定范围时，孔隙的空间结构发生变化，与大孔的结构不再相似，不符合分形理论，无法用式(5-1)中的分形模型来描述。从分形维数值的变化趋势上来看，小孔的分形维数值随着循环冻融次数的增加而上下波动，不具备明显的变化特征。

中孔的分形维数值在 2.337 至 2.543 之间，随着循环冻融次数的增加，中孔的分形维数近线性增长。岩体中孔的初始分形维数均值为 2.371，经过 20 次循环冻融后，中孔分形维数增长至 2.379，增长率为 0.34%，经过 40、60、80 和 100 次循环冻融后，中孔分形维数分别增长至 2.438、2.444、2.516 和 2.517，增长率分别为 2.83%、3.08%、6.12% 和 6.16%。这表明中孔结构的复杂程度随着循环冻融次数的增加而增加。

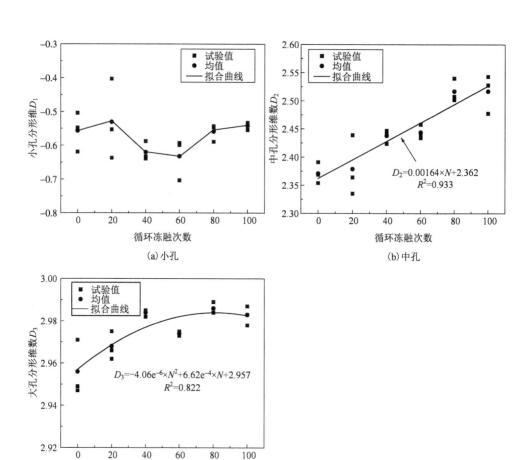

图5-4 岩体经历不同循环冻融后各类型孔隙的分形维数

由上图5-4(c)可知,大孔的分形维数值在2.949至2.989之间,较中孔的分形维数值更大,这说明大孔的孔隙结构相比于中孔的孔隙结构更加复杂,其分形维数值更加接近3,说明大孔的孔隙结构更加趋近于宏观的孔隙结构。从大孔孔隙分形维数的变化规律上看,大孔分形维数随着循环冻融次数的增加非线性增长,在循环冻融初期,大孔分形维数增加较快,而后期的大孔分形维数增长缓慢。岩体的初始大孔分形维数均值为2.956,经历20、40、60、80和100次循环冻融后,大孔分形维数值分别变化为2.968、2.984、2.974、2.986和2.983,增长率分别为0.41%、0.95%、0.61%、1.01%和0.91%。分析认为,循环冻融后期的大孔分形维数增长变慢是因为此时岩体中大孔的孔隙结构已经接近宏观的裂隙结构,大孔的结构得到了充分的发育,其分形维数接近上限。在 60 次循环和 100 次循环冻融时,大孔分形维数的下降主要是岩体外部自由面附近、少量包含充分发育的大孔的岩屑剥落所引起的,这些岩屑的剥落带走了部分大孔,因而降低了岩体的整体大孔分形维数。

5.2.3　冻融作用下岩体破坏后的碎块分形特征

冻融作用下岩体在动态冲击作用下产生的碎块的粒度和质量的分布是离散的,因此,为了方便对破坏后岩体试样的碎块粒度和质量进行统计,本次试验中采用孔径分别为 2.36 mm、4.75 mm、12 mm 和 25 mm 的标准筛对破碎后的试样进行筛选,将岩体碎块的粒度分为 0~2.36 mm、2.36~4.75 mm、4.75~12 mm、12~25 mm 和 25~50 mm 五种范围,筛分结果如图 5-5 所示。

图 5-5　岩体冲击破碎后的碎块筛选及筛分结果

对上述五种粒度范围内的岩块进行称重测量质量,然后依照式(5-13)和式(5-14)绘制了试验后的岩体碎块粒度和碎块质量分布的双对数曲线,并计算获得了碎块分形维数。如图 5-6 所示为含有不同倾角的裂隙岩体不同循环冻融下碎块粒度和碎块质量分布的双对数曲线,其中,曲线的斜率代表了碎块的分形维数。

表 5-2 为冲击压缩下各孔径范围内的 $\lg(S_M)$ 均值统计。

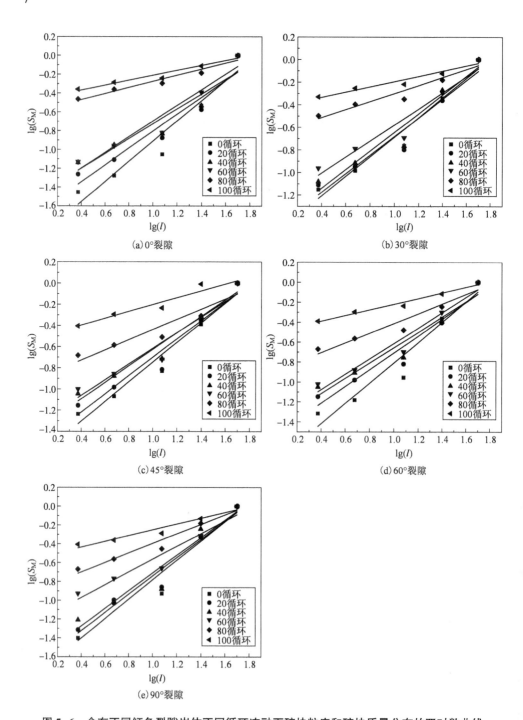

图5-6　含有不同倾角裂隙岩体不同循环冻融下碎块粒度和碎块质量分布的双对数曲线

表 5-2 冲击压缩下各孔径范围内的 lg(S_M) 均值统计

循环冻融次数	倾角/(°)	不同粒度下的 lg(S_M)				
		$l<2.36$	$2.36 \leqslant l \leqslant 4.75$	$4.75 \leqslant l \leqslant 12$	$12 \leqslant l \leqslant 25$	$25 < l$
0	0	−1.401	−1.03	−0.928	−0.325	0
	30	−1.316	−1.18	−0.954	−0.36	0
	45	−1.236	−1.067	−0.829	−0.388	0
	60	−1.150	−0.983	−0.762	−0.34	0
	90	−1.453	−1.276	−1.051	−0.534	0
20	0	−1.313	−0.995	−0.858	−0.327	0
	30	−1.146	−0.979	−0.818	−0.405	0
	45	−1.155	−0.982	−0.815	−0.353	0
	60	−1.110	−0.947	−0.797	−0.361	0
	90	−1.262	−1.108	−0.876	−0.574	0
40	0	−1.209	−1.012	−0.880	−0.241	0
	30	−1.05	−0.907	−0.754	−0.394	0
	45	−1.044	−0.877	−0.713	−0.318	0
	60	−1.080	−0.915	−0.765	−0.269	0
	90	−1.138	−0.952	−0.832	−0.532	0
60	0	−0.927	−0.768	−0.658	−0.313	0
	30	−1.020	−0.878	−0.696	−0.300	0
	45	−1.000	−0.855	−0.721	−0.337	0
	60	−0.961	−0.788	−0.691	−0.291	0
	90	−1.131	−0.96	−0.821	−0.391	0
80	0	−0.669	−0.562	−0.453	−0.181	0
	30	−0.670	−0.563	−0.479	−0.244	0
	45	−0.682	−0.585	−0.509	−0.308	0
	60	−0.497	−0.395	−0.348	−0.180	0
	90	−0.464	−0.360	−0.296	−0.186	0

续表5-2

循环冻融次数	倾角/(°)	不同粒度下的 lg(S_M)				
		$l<2.36$	$2.36{\leqslant}l{\leqslant}4.75$	$4.75{\leqslant}l{\leqslant}12$	$12{\leqslant}l{\leqslant}25$	$25<l$
100	0	-0.407	-0.361	-0.287	-0.131	0
	30	-0.39	-0.296	-0.235	-0.114	0
	45	-0.404	-0.294	-0.234	-0.009	0
	60	-0.33	-0.253	-0.217	-0.123	0
	90	-0.359	-0.286	-0.241	-0.113	0

注：表 5-2 中，l 为岩块的筛选半径，单位为 mm。

　　由图 5-6 可知，在不同的工况条件下碎块的粒度和碎块的质量的双对数之间存在良好的线性关系，这说明含有不同裂隙倾角的岩体在经历不同循环冻融之后，冲击破坏的岩块分布具有良好的自相似性，即岩体碎块的分布具有分形特征。为了进一步分析岩体内部裂隙倾角和循环冻融次数对试样破坏后块度的分形维数的影响规律，依据图 5-6 中的分形维数结果，可得图 5-7 和表 5-3。

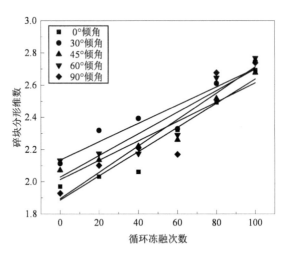

图 5-7　含不同倾角裂隙的试样在经历
不同循环冻融之后的碎块分形维数

表 5-3　冲击压缩下不同倾角裂隙岩体在不同循环冻融后的碎块分形维数均值统计

循环冻融次数	裂隙倾角/(°)				
	0	30	45	60	90
0	1.970	2.114	2.072	2.133	1.928
20	2.032	2.319	2.136	2.176	2.102
40	2.062	2.393	2.221	2.175	2.211
60	2.322	2.329	2.260	2.29	2.170
80	2.494	2.611	2.517	2.646	2.677
100	2.693	2.746	2.677	2.768	2.738

表 5-4　不同裂隙倾角下碎块分形维数随循环冻融次数的演化拟合式

裂隙倾角/(°)	碎块分形维数拟合式	R^2
0	$y = 1.89 + 0.0070x$	0.94
30	$y = 2.13 + 0.0057x$	0.88
45	$y = 2.01 + 0.0060x$	0.94
60	$y = 2.03 + 0.0067x$	0.85
90	$y = 1.89 + 0.0082x$	0.88

由图 5-7 可知，本次试验的岩体碎块的分形维数均值分布在 1.928~2.768，经历循环冻融次数为 0 的试样的碎块分形维数最小，经历的循环冻融次数为 100 时的试样的碎块分形维数最大。虽然含有不同倾角的岩体的碎块分形维数在不同的循环冻融上有一定的波动，但是，碎块分形维数随着循环冻融次数的增加趋势是一致的，近似线性增加。以含 30°倾角裂隙的试样为例，0 循环时，碎块分形维数均值为 1.970，在分别经历了 20、40、60、80 和 100 次循环冻融之后，其碎块分形维数分别增长至 2.032、2.062、2.322、2.494 和 2.693，增长率分别为 3.147%、4.670%、17.861%、26.600% 和 36.700%。从碎块的分形维数增长率随循环冻融次数的变化特征来看，在试样经历的循环冻融次数小于 60 时，碎块分形维数的增长相对较为缓慢，而当试样经历的循环冻融次数大于 60 时，碎块分形维数的增长变快。

碎块分形维数的大小表征岩体的破坏程度，当碎块分形维数较小时，试样在冲击作用下的破坏程度较低，碎块中大块较多而小块较少，破碎效果不明显；当试样的碎块分形较大时，试样在冲击作用下的破坏程度较高，碎块中大块较少而小块较多，破碎效果明显。在试样所经历的循环冻融次数较少时，试样内部的孔隙结构发育程度不高，试样内部的胶结程度也较好，在冲击载荷作用下形成的裂隙不易贯通，因此，冲击过程中形成的贯通裂隙数量较少，表现为岩体的破碎程度不高。当循环冻融次数较大时，岩体试样内部的孔隙结构得到较为充分的发育，形成了较多的中孔、大孔甚至微裂隙，岩体内部的胶结力也因为循环冻融作用而衰减，在冲击载荷作用下，岩体试样内部可形成更多的裂隙，且由于裂隙数量的增多和胶结力的下降，这些裂隙也更加容易贯通，冲击过程中形成的贯通裂隙数量变多，表现为岩体的破碎程度变大。因此，循环冻融次数较少时，碎块分形维数较小；而循环冻融次数较多时，碎块的分形维数较大。

　　岩体碎块分形维数随着裂隙倾角的变化也表现出一些规律。由图5-8可知，随着岩体内部裂隙倾角的增加，经历了不同次数循环冻融作用的试样的碎块分形维数基本上表现出"M"形的变化趋势。在裂隙倾角为0°或90°时，碎块的分形维数最小，而当裂隙为30°或60°时，碎块的分形维数最大，裂隙倾角为45°时，分形维数居于二者之间。

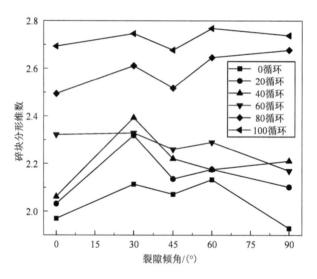

图5-8　岩体的碎块分形维数随裂隙倾角的变化

　　分析认为，这与单轴冲击作用下的试样受力状态和破坏形式相关。当裂隙倾角为0°或90°时，岩体试样主要受到的是横向张拉应力的作用，此时，试样内部产生的主要是平行于加载方向的张拉型翼裂纹，破坏形态基本上是沿着平行于冲击加载的方向发生张拉破坏。当裂隙倾角为45°时，岩体试样主要受到的是纵向压缩应力的作用，试样内部产生的主要是沿着岩桥贯通的剪切裂纹，主要的破坏形态是沿着破坏面发生剪切破坏。在 0°或 90°和 45°时，试样内部产生的裂纹是比较单一的，受到裂隙产状引导所产生张拉型裂纹或者剪切裂纹。

当裂隙倾角为 30°或 60°时，岩体试样的受力状态介于张拉和剪切之间，既受到横向张拉应力，又受到纵向剪切应力，在此应力状态下，岩体试样在受载时既产生张拉翼裂纹，又有剪切裂纹，因此其破坏形态是张拉破坏和剪切破坏的结合。由于试样在 30°或 60°时产生的裂纹数量相对于其他倾角时更多，且裂纹种类是张拉裂纹和剪切裂纹的相交形式，因此，在此工况下，岩块更加破碎，其碎块分形维数也就越大。

此外，图 5-8 表明，在经历 100 次循环冻融之后，不同倾角岩体破碎后的碎块分形维数分布范围小于 0 循环冻融，主要是因为充分的循环冻融作用造成了试样内部裂隙的长足发育和胶结力大幅衰减，这种冻融所导致的损伤的增长削减了单纯由宏观裂隙存在造成的损伤带来的碎块分形的差异性。因此，在经历了 100 次循环冻融后，不同倾角岩体破碎后的碎块分形维数的差距减小。

5.3　循环冻融下岩体的能量演化规律

5.3.1　能量的构成及计算方法

（1）静态加载下岩体的能量构成及计算

岩体试样的静态加载过程是试样在加载作用下的变形破坏过程，也是一个能量吸收和释放的动态平衡过程。静态加载系统输入的能量绝大部分被用于试样的变形和破坏，而试样的应力-应变曲线是记录岩体加载过程中试样内部能量演化的主要载体。静态加载下，岩体主要的能量包含总应变能、耗散能、弹性应变能，此外，还包含部分热能和岩屑弹射的动能，这部分能量由于占比较小，常常被忽略。静态加载下岩体的应变能构成如图 5-9。

在图 5-9 中，应力应变曲线覆盖的总面积 S_{OABC} 表示总输入能（总应变能 U_{total}）密度，是总输入能与试样体积的比值；S_{OAE} 覆盖的面积表示峰前压缩的耗散能密度（U_d），用于孔隙压缩与裂纹萌生与发展的驱动；S_{AED} 覆盖的面积表示弹性应变能密度（U_e）；S_{OAD} 覆盖的面积表示峰前应变能密度（U_p）。各能量密度的表达式如下所示。

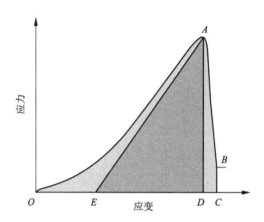

图 5-9 静态加载应力应变曲线下的
试样内部能量构成示意图

总应变能密度表示试样破坏所需要的总能量，表达式为：

$$U_{\text{total}} = \int_0^{\varepsilon_r} \sigma(\varepsilon)\,d\varepsilon \tag{5-15}$$

式中：U_{total} 为总应变能密度；$\sigma(\varepsilon)$ 为应力曲线；ε_r 为残余应变。

弹性应变能密度是指用于弹性应变的能量密度，表达式为：

$$U_e = \frac{\sigma_p^2}{2E} \tag{5-16}$$

式中：U_e 为弹性应变能密度；σ_p^2 为峰值应力；E 为弹性模量。

峰前应变能密度：

$$U_p = \int_0^{\varepsilon_p} \sigma(\varepsilon)\,d\varepsilon \tag{5-17}$$

式中：U_p 为峰前应变能密度；ε_p 为峰值应变。

耗散能密度：

$$U_d = \int_0^{\varepsilon_p} \sigma(\varepsilon)\,d\varepsilon - U_e \tag{5-18}$$

式中：U_d 为耗散能密度，需要特别说明的是，静态加载过程中的耗散能是指孔隙压密、峰前试样屈服、裂隙萌生扩展所消耗的能量，与动态加载过程中的耗散能有本质的区别。

（2）动态加载下岩体的能量构成及计算

在动态加载时，冲击加载作用于岩体试样的能量以波的形式在加载系统和试件之间传递。当冲击气压催动梭形子弹以一定冲击速度冲击入射杆时，冲击产生的能量在入射杆中传播,在入射杆和试样的交界面上,能量发生反射和透射。在这个过程中,能量可以划分为入射能、反射能、透射能和耗散能,其中反射能是指反射回入射杆中的能量,透射能是指通过试件而传播到透射杆中的能量。

需要特别说明的是,动态加载下的耗散能是加载过程中使试样发生变形、破坏的这部分能量,动态加载的耗散能与静态加载的耗散能有很大的区别,它与静态加载过程中的总破坏能相似。各部分能量的表达式如下所示。

入射能的表达式如下所示:

$$W_{\mathrm{I}} = \frac{A_{\mathrm{b}} C_{\mathrm{b}}}{E_{\mathrm{b}}} \int \sigma(I)^2 \mathrm{d}t \tag{5-19}$$

式中:W_{I} 为入射能;A_{b} 为入射杆的横截面积;C_{b} 为纵波在入射杆中的传播速度;E_{b} 为入射杆的弹性模量;$\sigma(I)$ 为入射波所对应的入射应力时程曲线的表达式。

反射能的表达式为:

$$W_{\mathrm{R}} = \frac{A_{\mathrm{b}} C_{\mathrm{b}}}{E_{\mathrm{b}}} \int \sigma(R)^2 \mathrm{d}t \tag{5-20}$$

式中:W_{R} 为反射能;$\sigma(R)$ 为反射应力时程曲线的表达式。

透射能的表达式为:

$$W_{\mathrm{T}} = \frac{A_{\mathrm{b}} C_{\mathrm{bt}}}{E_{\mathrm{bt}}} \int \sigma(T)^2 \mathrm{d}t \tag{5-21}$$

式中:W_{T} 为透射能;C_{bt} 为纵波在透射杆中的传播速度;E_{bt} 为透射杆的弹性模量;$\sigma(T)$ 为入射波所对应的透射应力时程曲线的表达式。

假设波的传播过程中,在各个界面之间的反射、透射而产生的能量损耗较小而可以忽略,则耗散能的表达式则如下式。

$$W_{\mathrm{H}} = W_{\mathrm{I}} - W_{\mathrm{T}} - W_{\mathrm{R}} \tag{5-22}$$

式中:W_{H} 为耗散能,主要用于试样的变形与破碎,其中一部分能量以热能和动能形式被消耗,一般情况下,这部分能量因为小于10%而忽略。

5.3.2　静态加载下岩体的能量演化

(1)压缩下试样的能量演化

为了分析循环冻融和裂隙倾角对岩体试样静态单轴压缩过程中的能量演化规律,对含有不同倾角裂隙且经过不同循环冻融作用的岩体进行压缩试验,依据5.3.1节的计算方法对各个试样的耗散能、弹性应变能、峰前总应变能进行了计算,结果如下表5-5所示。

表 5-5　不同循环冻融次数和裂隙倾角下静态单轴压缩试样各部分能量均值统计表

循环冻融次数	裂隙倾角/(°)	峰前总应变能/J	弹性应变能/J	耗散能/J
0	0	23.81	20.20	3.61
	30	26.48	17.69	8.79
	45	25.08	18.41	6.67
	60	24.10	19.42	4.68
	90	23.92	19.80	4.12
20	0	27.19	19.87	7.31
	30	21.76	16.84	4.92
	45	25.76	16.42	9.34
	60	27.12	16.70	10.43
	90	22.14	18.28	3.86
40	0	24.77	16.19	8.58
	30	22.65	15.97	6.68
	45	20.78	15.54	5.24
	60	23.61	16.06	7.54
	90	21.91	16.08	5.83
60	0	23.01	16.25	6.76
	30	21.63	15.75	5.88
	45	25.97	15.02	10.95
	60	23.04	16.05	6.99
	90	24.10	14.28	9.82
80	0	21.20	11.07	10.12
	30	19.67	12.87	6.79
	45	22.22	15.82	6.39
	60	20.68	14.30	6.37
	90	13.72	10.81	2.90
100	0	8.78	5.27	3.51
	30	12.13	7.20	4.93
	45	14.09	7.92	6.17
	60	17.82	10.34	7.47
	90	16.74	9.37	7.37

1) 循环冻融对能量演化的影响

由图 5-10(a) 可知，不论试样内部的裂隙倾角如何改变，随着循环冻融次数的增加，耗散能未呈现出明显的变化趋势。分析认为，这主要是由峰前阶段宏观预制裂纹发展导致的应力跌落的差异所引起的。由前文的 4.3 节可知，由于试样内部宏观裂隙的存在，试样在峰前段的加载会引起宏观裂隙周边应力集中区域的裂纹初步发展，导致该阶段的应力跌落(见图 4-3)。由于这种裂纹初步发展造成的应力跌落程度具有一定的随机性，并且对试样的耗散能产生直接的影响，因此，本次静态压缩试验的耗散能没有随着循环冻融次数的增加而表现出明显的规律。

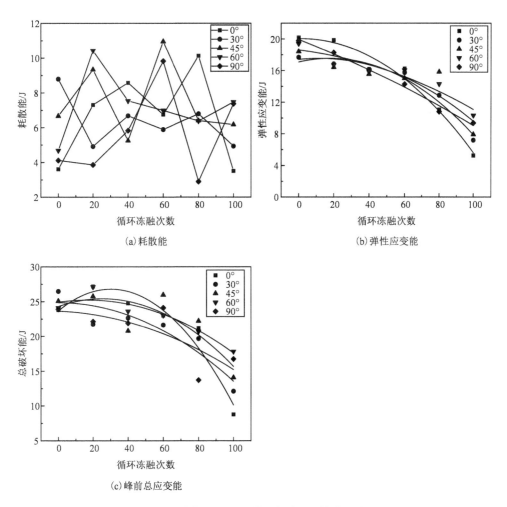

(a)耗散能

(b)弹性应变能

(c)峰前总应变能

图 5-10　岩体经历不同循环冻融之后的能量演化

由图 5-10(b) 和图 5-10(c) 可知,尽管裂隙倾角不同,试样的弹性应变能和峰前总应变能表现出明显的变化规律,即随着循环冻融次数的增加,呈现出缓降→速降的规律。以含 0° 倾角的试样为例,循环冻融次数为 0 时,试样的弹性应变能为 20.20 J,在经历 20、40、60、80 和 100 循环冻融之后,弹性应变能下降至 19.87 J、16.19 J、16.25 J、11.07 J 和 5.27 J。试样的峰前总应变能在经历了 0、20、40、60、80 和 100 循环冻融后,则分别为 23.81 J、27.19 J、24.77 J、23.01 J、21.20 J 和 8.78 J。峰前总破坏能和弹性应变能与循环冻融次数之间的关系可以用二项式进行良好的拟合,拟合结果如表 5-6 所示。

表 5-6 不同裂隙倾角下冻融作用的岩体能量演化拟合式

能量	裂隙倾角/(°)	能量演化拟合式	R^2
峰前总破坏能	0	$y = 23.68 + 0.206x - 0.0034x^2$	0.93
	30	$y = 24.84 + 0.013x - 0.0011x^2$	0.85
	45	$y = 24.30 + 0.0886x - 0.0018x^2$	0.68
	60	$y = 24.92 + 0.0375x - 0.0011x^2$	0.89
	90	$y = 23.64 - 0.0098x - 0.0007x^2$	0.59
弹性应变能	0	$y = 20.04 + 0.005x - 0.0015x^2$	0.97
	30	$y = 17.08 + 0.051x - 0.0014x^2$	0.96
	45	$y = 17.41 + 0.024x - 0.001x^2$	0.76
	60	$y = 18.6 - 0.028x - 0.0005x^2$	0.90
	90	$y = 19.94 - 0.088x - 0.0002x^2$	0.99

分析认为,弹性应变能和峰前总应变能随着循环冻融次数的增加而非线性下降是由岩体试样内冻融损伤的非线性累积所导致的。随着循环冻融次数的增加,岩体试样内部的孔隙度不断增加,特别是大孔孔隙度加速增长,导致试样内部孔隙结构逐渐劣化。此外,在冻融作用下,试样内部的矿物成分和胶结物质在温度变化的作用下不断发生冻胀和融缩,矿物成分本身以及矿物成分之间的胶结均发生一定程度的软化,最终造成试样的承载能力和蓄能能力下降,因此,弹性应变能和峰前总应变能随着循环冻融次数的增加而非线性降低。

2）裂隙倾角对能量演化的影响

由图 5-11 和表 5-5 可知，在冻融作用下岩体的峰前部分的能量当中，试样的耗散能和峰前总应变能随着裂隙倾角的增加未显现出明显的变化趋势，而弹性应变能随着裂隙倾角的增加表现出明显的演化规律，因此本节仅对弹性应变能进行分析。

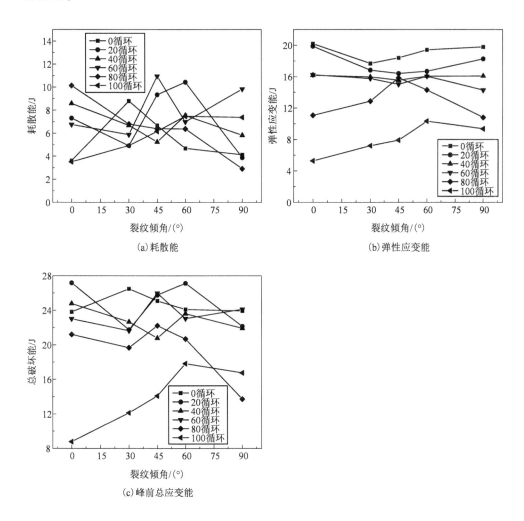

(a)耗散能

(b)弹性应变能

(c)峰前总应变能

图 5-11　岩体的能量随裂隙倾角的演化

由图 5-11（b）可知，当试样所经历的循环冻融次数小于 60 循环时，随着裂隙倾角的增加，弹性应变能表现出先下降后上升的"V"形变化趋势。即当试样内部的裂隙倾角为 0°或 90°时，试样破坏的弹性应变能最大，而当试样内部的裂隙倾角为 45°时,试样破坏的弹性应变能最小。弹性应变能的变化趋势与峰值应力和弹性模量等力学参数的变化规律一致。分析认为,当裂隙的倾角为 0°和 90°时,岩体与完整的岩石试样最接近,在峰值之前,试样所能存储的弹性能最大。当试样内裂隙倾角为 45°时,裂纹的倾角与最大有效剪应力的方向最为接近,此时,峰值应力和弹性模量等力学参数最小,试样最容易发生剪切破坏,试样所能存储的弹性应变能也就最小。

与峰值应力和弹性模量的变化相似,随着循环冻融达到 80 次以上后,试样的弹性应变能随着裂隙倾角的变化趋势发生较大改变。分析认为,可能是因为多次循环冻融作用造成岩体试样内部的大孔隙和小缺陷不断累积,削弱了宏观裂纹给岩体试样带来的结构改变,而冻融损伤所产生的试样结构具有随机性,导致弹性应变能脱离了之前的变化趋势。

(2)静态劈裂下试样的能量演化

为了分析循环冻融对岩体试样静态劈裂过程中的能量演化影响,参考 5.3.1 节的计算方法对试样劈裂过程中的试样总破坏能(对应于总应变能)进行计算。得到不同循环冻融后 Ⅰ 型和 Ⅱ 型断裂破坏能的均值如表 5-7 和图 5-12 所示。

表 5-7 静态压缩断裂下的破坏能均值统计表

循环冻融次数	Ⅰ型断裂破坏能/J	Ⅱ型断裂破坏能/J	循环冻融次数	Ⅰ型断裂破坏能/J	Ⅱ型断裂破坏能/J
0	2.80	2.19	60	2.03	1.73
20	2.27	1.91	80	1.19	1.55
40	1.98	1.73	100	0.64	0.68

图 5-12 展示了冻融作用下岩体 Ⅰ 型和 Ⅱ 型断裂的过程中破坏能随循环冻融的变化规律。结合图 5-12 和表 5-7 可知,两种断裂的破坏能均值远小于压缩破坏所需要的能量。随着循环冻融作用的增加,试样发生 Ⅰ 型和 Ⅱ 型断裂的破坏能均值同样呈现出缓降→速降的规律。以 Ⅰ 型断裂为例,当试样在分别经历了 0、20、40、60、80 和 100 的循环冻融之后,中心直裂纹巴西圆盘试样的 Ⅰ 型断裂的破坏能均值分别为 2.80 J、2.27 J、1.98 J、2.03 J、1.19 J 和 0.64 J,不同循环冻融导致的断裂能的降幅分别为 18.93%、29.29%、27.50%、57.5% 和 77.14%。两种类型断裂的破坏能与循环冻融次数之间的关系可以用二项式进行良好的拟合,拟合结果如图 5-12 所示。

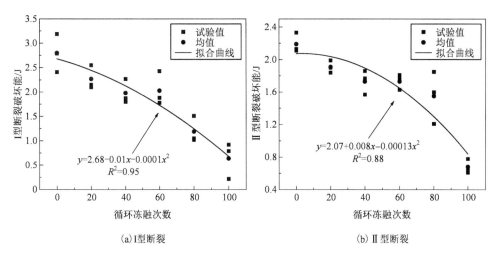

図 5-12　静态断裂的破坏能随循环冻融次数的变化

分析认为，Ⅰ型和Ⅱ型断裂破坏能随着循环冻融次数的增加而表现出图 5-12 所示的变化规律，主要是因为循环冻融作用造成岩体试样内部的损伤累积所引起的。一方面损伤作用使得中心直裂纹的周边区域裂纹进一步发展，裂纹更加易于起裂，断裂韧度加速下降；另一方面造成岩体内部孔隙结构更加发育、胶结力下降，而由于冻融损伤在循环冻融后期发展更加迅速，因此Ⅰ型和Ⅱ型断裂破坏能随着循环冻融次数的增加呈现出缓降→速降的规律。

5.3.3　冲击作用下岩体的能量演化

（1）冲击压缩下试样的能量演化

为了分析循环冻融和裂隙倾角对岩体试样冲击压缩过程中的能量演化影响，对不同循环冻融后的岩体进行冲击压缩试验，依据 5.3.2 节的计算方法对各个试样的入射能、反射能、透射能和耗散能进行计算并统计，冲击压缩下各试样的能量计算结果如表 5-8 所示。

表 5-8　不同循环冻融次数和裂隙倾角下冲击压缩试样的能量统计表

循环冻融次数	倾角/(°)	入射能/J	反射能/J	透射能/J	耗散能/J
0	0	114.86	36.55	18.63	59.68
	30	176.64	100.77	9.78	66.11
	45	136.56	84.05	7.60	44.91
	60	150.32	73.95	11.70	64.67
	90	140.86	61.41	19.11	60.34
20	0	123.12	47.95	16.62	58.64
	30	166.71	104.53	6.86	55.33
	45	158.38	110.07	5.37	42.93
	60	159.64	86.16	11.17	62.32
	90	130.54	53.22	16.81	60.51
40	0	123.18	60.73	10.19	52.29
	30	166.88	106.47	6.00	54.41
	45	156.65	100.19	4.76	51.70
	60	152.15	84.42	9.42	58.31
	90	132.64	60.25	13.16	59.27
60	0	119.39	65.86	8.46	45.07
	30	160.10	108.13	5.81	46.17
	45	161.87	123.04	3.70	35.16
	60	155.51	91.12	8.65	55.73
	90	144.62	79.34	11.90	53.42
80	0	100.07	61.18	6.98	31.92
	30	168.42	133.08	2.64	32.68
	45	141.59	117.78	2.41	21.42
	60	141.31	106.73	3.57	31.01
	90	109.76	37.78	9.98	32.06

续表5-8

循环冻融次数	倾角/(°)	入射能/J	反射能/J	透射能/J	耗散能/J
100	0	98.61	90.38	0.38	7.85
	30	165.49	139.21	0.94	25.35
	45	147.92	136.07	0.40	11.47
	60	144.25	131.46	0.73	12.25
	90	136.04	112.83	2.32	20.9

1）循环冻融次数对能量的影响

图 5-13 展示了冲击压缩过程中含 90°倾角的岩体试样的各种能量随循环冻融次数的增加的变化规律。如上图 5-13 所示，除入射能的变化规律不明显外，反射能、透射能和耗散能均随着循环冻融次数的增加而显现出明显的变化规律。图 5-14 更加直观地显示循环冻融次数对各项能量的影响。

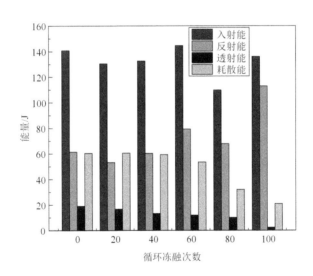

图 5-13　循环冻融次数对冲击压缩岩体的各能量的影响

如图 5-14(a) 所示，入射能并未随着循环冻融次数的增加而表现出一定的变化规律，是因为入射能的大小与冲击试验过程中的加载速率相关，虽然本次冲击压缩试验采用的是 0.4 MPa 的冲击气压，试验过程中所产生的加载速率因为人为操作的影响而造成加载速率的不同，导致入射能未表现出某种规律性。

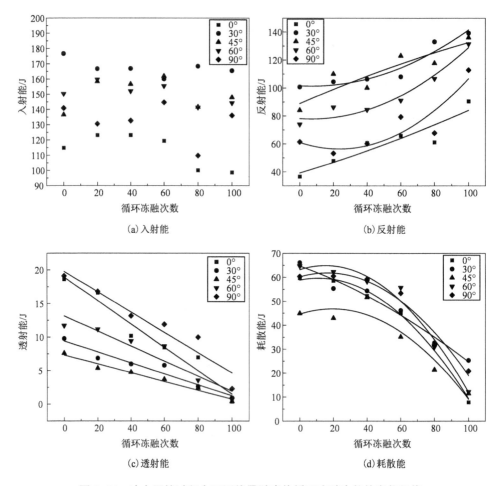

图 5-14 冲击压缩过程中不同能量随岩体循环冻融次数的变化规律

表 5-9 不同裂隙倾角下冻融裂隙岩体能量演化拟合式

能量	裂隙倾角/(°)	能量演化拟合式	R^2
反射能	0	$y=38.01+0.4486x$	0.85
	30	$y=101.58-0.0645x+0.0046x^2$	0.93
	45	$y=90.0+0.4373x$	0.81
	60	$y=39.16+0.3625x-0.0009x^2$	0.95
	90	$y=61.05-0.4000x-0.0086x^2$	0.081

续表5-9

能量	裂隙倾角/(°)	能量演化拟合式	R^2
透射能	0	$y=18.92-0.1741x$	0.96
	30	$y=9.41-0.0815x$	0.94
	45	$y=7.32-0.0657x$	0.97
	60	$y=13.14-0.1120x$	0.90
	90	$y=19.77-0.1511x$	0.92
耗散能	0	$y=58.84+0.1404x-0.0064x^2$	0.99
	30	$y=64.70-0.2524x-0.0015x^2$	0.97
	45	$y=44.60+0.2252x-0.0058x^2$	0.92
	60	$y=63.18+0.2238x-0.0074x^2$	0.98
	90	$y=60.19+0.1997x-0.0061x^2$	0.97

　　由图 5-14 可知，岩体试样的反射能、透射能和耗散能均随着循环冻融次数的增加而表现出良好的规律性，其整体的规律性不受裂隙倾角的影响。其中，反射能随着循环冻融次数的增加而增加，而透射能和耗散能则随着循环冻融次数的增加而减少。

　　分析认为，随着岩体所经历的循环冻融次数的增加，岩石试样内的孔隙结构逐渐发育，试样本身的胶结能力下降，内部的孔隙连通性逐渐增强，加上内部宏观的单裂隙的引导作用，更加容易在冲击载荷下发生破坏。因此，主要被分配用于破坏试样的耗散能随着循环冻融次数增加而降低。透射能随着循环冻融次数的增加而降低，主要是因为冻融损伤劣化了岩体的内部固体介质的连通性，产生的更多的不连续面阻止了应力波向透射杆传播，随着更少的耗散能和透射能被分配于岩体和透射杆中，入射杆中的反射能也因此增多，所以，反射能随着循环冻融次数的增加而增加。

　　由于在不同的冲击试验中，试样所获得的入射能是不同的，为了消除这种影响，采用反射能、透射能和耗散能与入射能的比值作为相应的参数来表征各种能量随循环冻融次数的演化。相比于各能量随循环冻融次数增加的变化趋势，各能量占比随循环冻融次数增加的变化趋势更加明显。

　　如图 5-15 所示，反射能占比随着循环冻融次数的增加而非线性增加，耗散能占比随着循环冻融次数的增加而非线性降低，透射能占比随着循环冻融次数的增加而线性降低。可以发现，反射能占比与耗散能占比的差值越来越大，以含有0°倾角裂隙的岩体能量均值为例，在经历 0、20、40、60、80 和 100 循环后的二者的差值分别为-0.20、-0.08、0.07、0.17、0.29 和 0.84，而透射能的占比分别为 0.16、0.14、0.08、0.07、0.07 和 0.01，说明随着循环冻融次数的增加，反射能快速增大，而耗散能和透射能快速减小。

此外，由图 5-15 可知，裂隙中倾角的不同造成了岩体的透射能占比、反射能占比和耗散能占比的差异性。这种能量占比的差异性在循环冻融初期最为明显，然而这种能量占比的差异性随着循环冻融的增加而逐渐缩小。这是因为随着循环冻融次数的增加，岩体的力学特性整体下降，岩体内部的非均质性上升，岩体内不同倾角裂隙所带来的力学性能的差异性反而被冻融损伤削弱了。

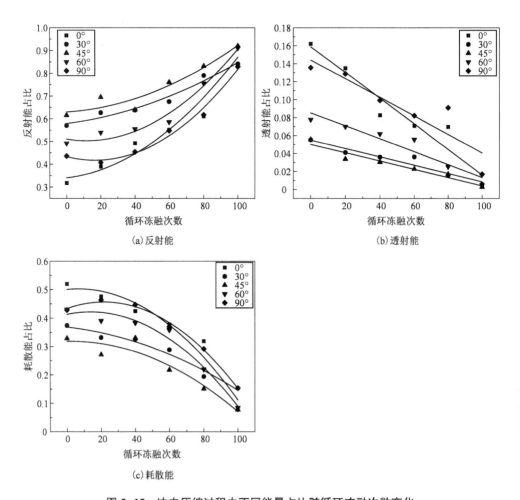

(a)反射能

(b)透射能

(c)耗散能

图 5-15　冲击压缩过程中不同能量占比随循环冻融次数变化

2）裂隙倾角对能量的影响

图 5-16 为裂隙倾角对冲击压缩岩体的各能量的影响。如图 5-16 所示，除了入射能的变化规律不明显外，反射能、透射能和耗散能均随着裂隙倾角的增加而显现出明显的规律。

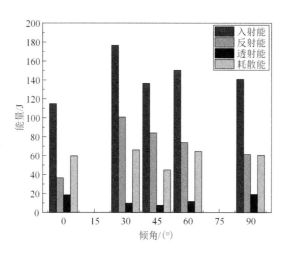

图 5-16　裂隙倾角对冲击压缩岩体的各能量的影响

表 5-10　不同裂隙倾角下冻融作用岩体能量演化拟合式

能量占比	裂隙倾角/(°)	能量演化拟合式	R^2
反射能占比	0	$y = 0.34 + 0.0009x - 0.00005x^2$	0.95
	30	$y = 0.58 + 0.0010x - 0.00002x^2$	0.97
	45	$y = 0.63 + 0.0005x - 0.00002x^2$	0.93
	60	$y = 0.51 - 0.0012x - 0.00005x^2$	0.98
	90	$y = 0.43 - 0.0019x - 0.00006x^2$	0.99
透射能占比	0	$y = 0.16 - 0.0014x$	0.92
	30	$y = 0.06 - 0.0005x$	0.93
	45	$y = 0.05 - 0.0005x$	0.94
	60	$y = 0.09 - 0.0007x$	0.91
	90	$y = 0.14 - 0.0013x$	0.83

续表5-10

能量占比	裂隙倾角/(°)	能量演化拟合式	R^2
耗散能占比	0	$y = 0.50 + 0.0006x - 0.00004x^2$	0.95
	30	$y = 0.37 - 0.0007x - 0.00002x^2$	0.97
	45	$y = 0.32 + 0.0001x - 0.00003x^2$	0.91
	60	$y = 0.41 + 0.0012x - 0.00004x^2$	0.97
	90	$y = 0.43 + 0.0022x - 0.00005x^2$	0.99

由图5-17可知，岩体试样的反射能、透射能和耗散能均裂隙倾角的增加而表现出良好的规律性，这种整体的规律性基本不受冻融作用的影响。图5-17(a)

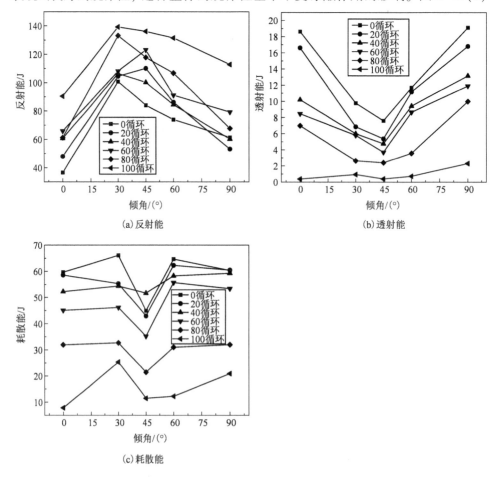

(a) 反射能

(b) 透射能

(c) 耗散能

图5-17　冲击压缩过程中不同能量随岩体倾角的变化规律

表明，反射能随着裂隙倾角的增加呈现出先增加后减少的趋势，裂隙倾角为 30°或 45°时反射能最大，而倾角为 0°或 90°时反射能最小。透射能随裂隙倾角的变化规律则与反射能完全相反，透射能在裂隙倾角 45°时最小，倾角为 0°或 90°时最大。耗散能的变化规律虽然不与透射能的变化规律严格一致，但是它们的变化趋势是一致的，而且这种不一致可能是入射能的不同所导致的。

分析认为，由于裂隙的宽度相对试样的直径来说较小（为 0.3），仅能在较小的范围内改变试件内纵波的传播规律，对试件内部的能量传播的影响是次要的。主要是因为不同倾角裂隙的存在改变了试样动态加载时内部的应力状态和破坏模式。在高速冲击作用下，试样受到轴向压缩和横向拉伸应力的作用。在冲击压缩下，横向拉伸应力引起的微裂隙率先产生，并且动态载荷的作用时间很短，微裂隙归并、搭接成剪切形式的贯通裂纹的时间不足，因此，冲击压缩试样常常为横向拉张破坏。

当裂隙的倾角为 0°或 90°时，裂隙没有改变试样内部的应力波传播状态，倾角也没有为剪切裂纹的贯通提供有利条件，此时试样仍受横向拉张应力而破坏。当裂隙倾角为 45°时，一方面 45°的裂隙面改变了试样中反射波的方向，一定程度上改变了裂隙周边的张拉应力场；另一方面，45°的裂隙面接近压缩形成的剪切破坏面。二者相互作用下，有利于微裂纹沿着原有裂隙贯通形成剪切裂纹。从结果来看，含 45°裂隙倾角的试样更加充分利用了该裂隙来形成新的裂隙，引导试样破坏，因此，破坏岩体试样所需的能量更少，耗散能也就最少，在动态平衡下，以试样为桥梁获得联动的透射杆所获得的透射能也就越少，相应地，反射能所分配的也就越多。

如图 5-18 所示，消除了入射能的影响，发现反射能占、透射能占比和耗散能占比随着裂隙倾角的变化趋势比上图更加趋于一致。此外，由图 5-18 可知，在冲击压缩实验中，反射能和耗散能是占比最大的两部分能量，而透射能是占比最小的能量。以经历 0 次循环冻融的一组试样为例。当裂隙倾角分别为 0°、30°、45°、60° 和 90°时，反射能占比分别为 0.318、0.570、0.615、0.492 和 0.436，耗散能占比分别为 0.520、0.374、0.329、0.430 和 0.429，透射能分别为 0.162、0.055、0.056、0.078 和 0.136，当裂隙倾角为 45°时，反射能占比是 0°时的 1.93 倍，耗散能占比是 0°时的 63.27%，透射能占比是 0°时的 34.57%。

（2）冲击断裂过程中的能量演化规律

1）循环冻融对断裂能量的影响

为了研究不同动态断裂过程中试样的能量演化规律，本节依据 5.3.1 节的动态加载过程中各个能量的计算方法，分别计算了不同循环冻融后冲击断裂试样的入射能、反射能、透射能以及耗散能，所获得的 Ⅰ 型断裂和 Ⅱ 型断裂过程中的各部分能量如表 5-11 和表 5-12 所示。

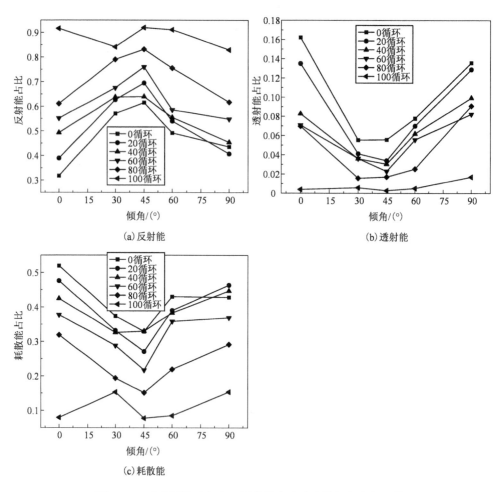

图 5-18 冲击压缩过程中不同能量占比随岩体倾角变化规律

表 5-11 不同循环冻融次数和冲击气压下 I 型动态断裂过程中各部分能量均值统计表

冲击气压/MPa	循环冻融次数	入射能/J	反射能/J	透射能/J	耗散能/J	破坏能/J
	0	81.61	64.93	0.286	16.39	3.71
	20	62.91	43.81	0.261	18.84	3.674
0.4	40	67.52	56.40	0.224	10.91	3.19
	60	56.35	50.49	0.199	5.67	3.23
	80	73.66	60.11	0.143	13.04	2.135
	100	79.22	70.09	0.101	6.03	2.115

表 5-12　不同循环冻融和冲击气压下 II 型动态断裂过程中各部分能量均值统计表

冲击气压/MPa	应变率/($\varepsilon \cdot s^{-1}$)	循环冻融次数	入射能/J	反射能/J	透射能/J	耗散能/J	破坏能/J
0.3	40.98	0	32.11	23.40	0.185	8.55	1.706
	40.3	20	26.92	18.32	0.151	8.42	1.352
	33.10	40	20.69	12.69	0.086	7.91	0.988
	39.10	60	26.39	19.68	0.072	6.64	0.961
	37.13	80	23.94	17.13	0.045	6.76	0.907
	47.10	100	42.71	38.78	0.003	3.92	0.610
0.35	47.30	0	45.50	34.50	0.236	10.71	3.142
	42.10	20	46.30	28.20	0.178	17.88	1.829
	46.60	40	36.24	30.55	0.114	5.58	1.116
	52.30	60	49.64	44.37	0.078	5.19	1.556
	50.10	80	47.91	41.00	0.030	6.88	1.100
	54.00	100	86.23	61.70	0.003	24.53	0.655
0.4	60.13	0	92.40	80.40	0.290	11.70	4.662
	57.10	20	96.70	84.00	0.239	12.46	3.964
	54.80	40	86.50	70.90	0.213	15.33	3.840
	56.85	60	89.30	79.45	0.147	9.68	3.185
	60.38	80	102.98	91.23	0.104	13.30	2.706
	50.43	100	96.26	75.33	0.022	20.90	0.546
0.45	64.20	0	127.27	106.21	0.323	20.73	6.792
	59.00	20	116.80	93.60	0.269	22.94	5.428
	63.40	40	141.33	107.73	0.214	33.39	5.273
	63.30	60	131.28	109.76	0.141	21.37	3.823
	64.30	80	132.37	107.89	0.096	24.38	3.465
	59.20	100	134.71	104.14	0.077	30.49	2.710

　　通过分析表 5-11 和表 5-12，发现 I 型冲击断裂和 II 型冲击断裂试验过程中的各部分能量随循环冻融次数的增加，没有表现出明显的变化规律。图 5-19 为 0.45 MPa 冲击气压下 II 型断裂过程中各部分能量及占比随循环冻融次数的变化。

如图所示，随着循环冻融次数的增加，入射能、反射能呈现出增大→减小→增大
→减小的波动趋势，耗散能则表现为增大→减小→增大的变化趋势。消除入射能
的差异影响后，发现耗散能占比的变化趋势没有发生改变，而反射能的占比变化
趋势表现为减小→增大→减小。综上所述，采用 5.3.1 中的方法计算巴西圆盘 Ⅰ
型和 Ⅱ 型断裂所获得的能量未表现出明显的规律性。

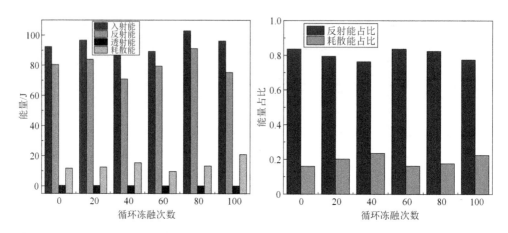

图 5-19　0.45 MPa 冲击气压下 Ⅱ 型断裂过程中各部分能量及占比随循环冻融次数的变化

　　此外，考虑到冲击劈裂过程中岩石碎屑和碎块的动能较大，而用于冲击劈裂
破坏中心直裂纹巴西圆盘的能量较小，因此，采用耗散能去代表试样的破坏能量
的可能误差较大。

　　有鉴于此，借鉴静态加载方式下的计算总破坏能的方法来计算动态断裂过程
中的破坏能，即对冲击断裂的载荷-位移曲线进行积分来计算冲击过程中岩样所
吸收的功，以此来等价冲击断裂过程中岩样的破坏能。Ⅰ 型和 Ⅱ 型断裂试样的破
坏能的计算结果如表 5-11 和表 5-12 所示。

　　图 5-20 为不同循环冻融下岩体的 Ⅰ 型冲击断裂的破坏能变化规律。结合
图 5-20 和表 5-11 可知，未经历循环冻融作用的试样 Ⅰ 型断裂破坏能均值为
3.71 J，在分别经历了 20、40、60、80 和 100 循环冻融之后，破坏能的均值分别下
降至 3.67 J、3.19 J、3.23 J、2.14 J 和 2.12 J，降幅分别为 1.08%、14.02%、
12.94%、42.32% 和 42.86%，随循环冻融次数的增加而近似线性降低。主要是因
为循环冻融作用造成岩体试样内部损伤累积，一方面损伤作用使得中心直裂纹尖
端区域裂纹进一步发展，裂纹更加易于起裂，断裂韧度下降；另一方面造成岩体
内部孔隙结构更加发育、胶结能力下降，因此试样的破坏能随循环冻融次数的增
加而降低。

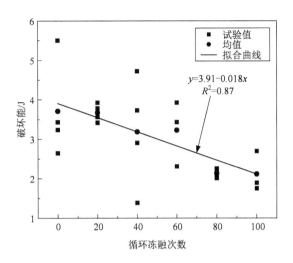

图 5-20　不同循环冻融下岩体的
Ⅰ型冲击断裂的破坏能变化规律

　　将本文中计算获得的破坏能和耗散能进行对比，发现耗散能远大于破坏能，以 0 循环为例，试样发生Ⅰ型冲击断裂的耗散能为 16.39 J，而破坏能为 3.71 J。主要是因为试样在冲击断裂过程的耗散能中有较大一部分能量转换为试样的动能，因此，在本实验中采用耗散能去表征试样破坏的能量会产生较大误差。此外，将冲击断裂和冲击压缩破坏的耗能对比，可以发现二者有较大的不同。以 0 循环冻融为例，发生Ⅰ型断裂破坏的耗能密度为 0.076 J/cm³，冲击压缩破坏的耗能密度为 0.289 J/cm³，冲击压缩破坏的耗能远大于冲击断裂的耗能。

　　2)应变率对Ⅱ型断裂能量的影响

　　图 5-21 为不同冲击气压和循环冻融次数下岩体的Ⅱ型冲击断裂的破坏能变化规律，为了揭示应变率的影响，采用了不同冲击气压进行冲击加载。如图 5-21 所示，同样采用 0.4 MPa 的冲击气压进行动态冲击中心裂纹巴西圆盘试样时，试样的Ⅱ型冲击断裂的破坏能同样随着循环冻融次数的增加而线性降低。当循环冻融次数为 0 时，破坏能为 4.46 J，在经过 20、40、60、80 和 100 循环冻融后，Ⅱ型断裂的破坏能分别降至 3.96 J、3.84 J、3.19 J、2.71 J 和 0.55 J，降幅分别达到 11.21%、13.90%、28.48%、39.24% 和 87.67%。通过将Ⅰ型断裂和Ⅱ型断裂的破坏能相比较，发现本次实验中二者的破坏能比较接近。

　　表 5-13 为不同冲击气压下岩体Ⅱ型断裂破坏能随循环冻融演化拟合式。

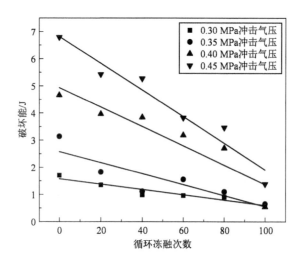

图 5-21 不同冲击气压和循环冻融次数下岩体的
Ⅱ型冲击断裂的破坏能变化规律

表 5-13 不同冲击气压下岩体 Ⅱ 型断裂破坏能随循环冻融演化拟合式

冲击气压/MPa	Ⅱ型断裂破坏能随循环冻融演化拟合式	R^2
0.30	$y = 1.58 - 0.0098x$	0.90
0.35	$y = 2.58 - 0.0203x$	0.76
0.40	$y = 4.94 - 0.0357x$	0.86
0.45	$y = 6.82 - 0.0491x$	0.95

　　对比不同冲击气压下的 Ⅱ 型冲击断裂的破坏能,发现它们随着冲击气压的改变具有明显的规律。如图 5-21 所示,在不同的冲击气压下,Ⅱ型冲击断裂破坏能均随着循环冻融次数的增加线性降低。不同的是,在相同的循环冻融次数处理后,随着冲击气压的增大,Ⅱ型断裂的破坏能也增大。以经历 0 次循环冻融的试样为例,冲击气压为 0.3 MPa 时,破坏能为 1.71 J,当冲击气压增大到 0.35 MPa、0.40 MPa 和 0.45 MPa,破坏能分别增长至 3.14 J、4.66 J 和 6.79 J。由图 5-21 可知,随着循环冻融次数的增加,这种由冲击气压变化所带来的破坏能增长效应逐渐减弱。当循环冻融次数为 0 时,冲击气压差别造成的破坏能差值为 5.08 J,在经历了 100 次循环冻融后,破坏能的差值降至 2.16 J。

这是因为随着循环冻融次数的增加，岩体试样内部的损伤逐渐累积、岩体内部的胶结能力也变弱了，导致岩体的力学特性整体下降，试样也更加容易破坏，因此破坏能随着循环冻融次数的增加而减少。在相同的循环冻融下，随着冲击气压的增加，试样会更加破碎，这也意味着在冲击破坏的过程中更多的破坏面形成了，这些破坏面的形成、发育和贯通的过程是能量的消耗过程，因此，在更大的冲击气压下试样需要更多的破坏能，同时试样也更加破碎。随着循环冻融次数的增加，损伤在试样内部累积，破坏面在试样内部也更加容易形成，消耗的能量也更少，因此，随着循环冻融次数的增加，冲击气压差异造成的断裂能的差异也变小。

图 5-22 为不同应变率和循环冻融下岩体的 II 型冲击断裂的破坏能变化规律。由图 5-22 可知，在 $33.1 \sim 64.3 \ s^{-1}$ 的应变率范围内，试样 II 型冲击断裂的破坏能随着应变率的增大而线性增加，试样的 II 型冲击断裂的破坏能表现出明显的应变率效应。如图 5-22 所示，破坏能与应变率的拟合曲线斜率随着循环冻融次数的增加而降低，说明在应变率较低时，不同循环冻融处理后的试样 II 型断裂破坏能差距较小，随着应变率的增大，不同循环冻融处理后的试样 II 型断裂破坏能差值逐渐增大，与 II 型动态断裂韧度的变化规律相似。

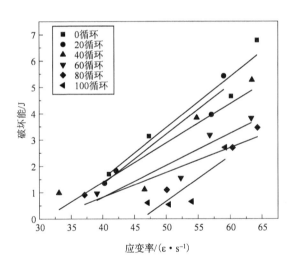

图 5-22　不同应变率和循环冻融下岩体的
II 型冲击断裂的破坏能变化规律

表 5-14 为不同循环冻融下岩体 II 型断裂破坏能随应变率演化拟合式。

分析认为这同样与岩体的损伤状态和自身抗断裂能力有关。当试样内部的损伤较少时，试样的承载能力和抗断裂破坏的能力也就越强，所能承受的冲击载荷以及所能吸收和承载的能量也就越大，应变率造成的硬化效应更加明显，此时，岩石对应变率的变化更加敏感。相反，若试样内部的损伤较大时，试样的承载能力和抗断裂破坏的能力也就越差，所能承受的冲击载荷以及所能吸收和承载的能量也就越小，应变率造成的硬化效应相对较弱，此时，岩石对应变率的变化不敏感。因此，岩体的Ⅱ型断裂破坏能在冻融损伤较小时，随着应变率的增加而增幅较大，在冻融损伤较大时，随着应变率的增加而增幅较小。

表5-14　不同循环冻融下岩体Ⅱ型断裂破坏能随应变率演化拟合式

循环冻融/MPa	Ⅱ型断裂破坏能随应变率演化拟合式	R^2
0	$y=-6.22+0.1937x$	0.93
20	$y=-6.21+0.1884x$	0.94
40	$y=-4.59+0.1494x$	0.84
60	$y=-4.05+0.1216x$	0.86
80	$y=-2.95+0.0943x$	0.85
100	$y=-7.96+0.1727x$	0.72

5.4　冻融作用下岩体分形与能量之间的关联

5.4.1　孔隙分形维数与碎块分形维数的关联

孔隙分形维数的大小表征了岩体试样在破坏前的内部孔隙结构的发育程度，碎块的分形维数大小则是表征了试样在外载荷作用下的破碎程度，两种分形维数之间存在关联。如图5-23所示，中孔孔隙分形维数和岩体碎块分形维数之间相关性好，总孔隙、大孔孔隙的分形维数和岩体碎块分形维数之间相关性相对较好，而小孔孔隙分形维数和碎块分形之间的相关性较差。这主要是因为试样中的小孔孔隙的孔径很小，在0.1μm以下，在试样内部可以看作均匀分布的缺陷结构，对试样的破坏基本上没有影响，因此小孔隙的存在对试样破碎块度的影响很小。中孔和大孔因其孔径较大，会直接影响到裂纹破坏过程中的裂纹的发展、合并，影响到破坏试样的块度变化，因此，中孔和大孔的分形维数与碎块的分形维数之间存在较强的关联性。

由图5-23可知，随着中孔孔隙、大孔孔隙和总孔隙的分形维数的增加，碎块的分形维数也呈现增长的变化趋势。这主要是因为随着这些孔隙的分形维数增

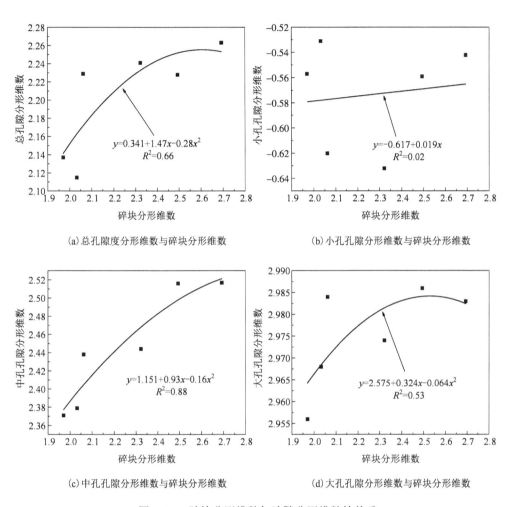

(a) 总孔隙度分形维数与碎块分形维数　　(b) 小孔孔隙分形维数与碎块分形维数

(c) 中孔孔隙分形维数与碎块分形维数　　(d) 大孔孔隙分形维数与碎块分形维数

图 5-23　碎块分形维数与孔隙分形维数的关系

加，相关的孔隙数量得到增加，孔隙结构更加发育，在此情形下，它们在外力的作用下也更加容易合并和贯通，形成裂隙，导致试样内部的裂隙增多，裂隙对岩体形成的穿插、切割也就变多，试样就会更加破碎，因此，岩体的块度分形维数因此增长。

此外，在这些孔隙的孔隙分形维数较小时，碎块的分形维数增长相对较慢，而孔隙分形维数较大时，碎块的分形维数增长较快。这是因为孔隙数量较少或者发育程度较低时，孔隙间的合并和贯通较难；当孔隙数量较多且发育程度较高时，孔隙间的合并和贯通越来越容易。因此，当这些孔隙的分形维数较大时，碎块分形维数增长较快。

5.4.2 耗散能与碎块分形维数的关联

岩体试样的破碎过程是在能量的驱使下完成的，因此，动态冲击加载下岩体试样的碎块分形维数和试样破坏所需的耗散能之间存在内在关联。图5-24展示了岩体在经历了不同循环冻融之后的碎块分形维数和耗散能之间的关系。如图5-24所示，当试样经历的循环冻融次数较少时，试样破碎消耗的耗散能较多，而破碎后的碎块分形维数较小；随着循环冻融次数的增加，试样破碎消耗的耗散能变少，而破碎后的碎块分形维数则增大。

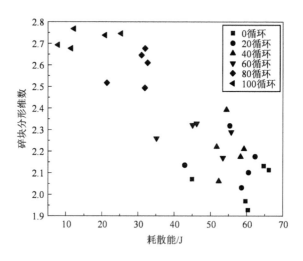

图5-24 岩体在经历不同循环冻融之后碎块分形维数与耗散能的关系

分析认为，岩体的胶结力、孔隙结构的发育情况和被裂隙切割形成的破碎块度之间存在内在关联。循环冻融作用的次数较少时，岩体内部的孔隙较少，孔隙的发育程度也较低，且此时岩体内部的胶结力衰减较少。此时，一方面孔隙之间在加载下贯通形成的裂隙数量相对会较少，贯通裂隙对岩体的切割效果较弱，另一方面孔隙贯通形成裂隙也较难，所需能量大。因此，在试样所经历的循环冻融次数较少时，破碎试样所需耗散能较大，但是碎块分形维数较小。

当试样经历的循环冻融次数增长时，岩体内部的孔隙增长，孔隙的发育程度也上升，且此时岩体内部的胶结力衰减较大。此时，一方面孔隙之间在加载下贯通形成的裂隙数量相对会增长，贯通裂隙对岩体的切割效果增强，另一方面孔隙贯通形成裂隙更加容易，所需的耗散能也将减少。因此，随着试样所经历的循环冻融次数增加，破碎试样所需的耗散能减少，但是碎块的分形维数会增加。

第 6 章 循环冻融下岩体的损伤演化及本构模型研究

6.1 概述

损伤是材料在内部或外部条件作用下产生细观或者宏观的缺陷，造成材料局部劣化的一种现象，这种现象往往导致材料力学性质衰减。材料的损伤状态是其力学响应的关键影响因素，因此，材料的损伤状态受到人们的密切关注。

岩体是工程中应用非常广泛的材料，它的损伤特征和力学响应规律是工程领域内关注的重点之一。然而，岩体的损伤状态和力学响应也是十分复杂的。从岩体的组成上看，它是岩石矿物和结构面的组合体。岩石是一种广泛分布有原始微小空洞、裂隙和缺陷的材料，这些微小的缺陷和不连续面造成了岩石内部的原生细观损伤。岩体中的宏观结构面则直接改变了岩体的宏观结构，破坏了岩体的均质性，直接造成了岩体的力学性能的衰减。此外，岩体常常受到载荷、腐蚀、风化、冻融、高温等条件的影响，其内部的孔洞、缺陷也因此不断发展，岩体内部的损伤也因此不断累积。因此，岩体内部的损伤是受到多种因素共同影响的复杂变量，在此状态下岩体的力学响应也变得十分复杂。

冻融环境下的岩体损伤研究方兴未艾，关于冻融作用下岩体的强度特性方面的研究近年来逐渐增多，但是关于冻融作用下岩体的损伤演化和本构模型方面的研究则并不多见。本章以冻融作用下岩体为研究目标，以前面三章的冻融作用下岩体的静态、动态的实验数据为依据，以损伤力学、统计强度理论等理论为基础，分别分析和构建了原生孔隙细观损伤、冻融损伤和裂隙宏观损伤模型，并结合应变等效假设，建立了考虑三重损伤的冻融作用下岩体的耦合损伤模型。然后，以元件组合模型为基础，结合冻融作用下岩体的耦合损伤模型，分别建立了静态和动态加载下的冻融作用岩体本构模型，将试验结果和模型拟合结果进行对比，验证了本文所提出的损伤演化模型和本构模型的准确性。

6.2 冻融作用下岩体的损伤

冻融作用下岩体的损伤是多重损伤的结果。对于岩石材料而言，其内部分布着许多原生的小尺度孔隙结构，在外载荷的作用下，这些原生的孔隙结构对岩石材料的强度、弹性模量的力学特性造成损伤，这就是原生孔隙的细观损伤。岩体内部的宏观裂隙直接改变了试样的宏观结构，如第四、五章所示，宏观裂隙的存在直接导致了岩体试样的静、动力学特性的改变，这是由宏观裂隙导致的试样宏观损伤造成的。冻融作用则是造成岩体试样损伤的又一重要影响因素，在冻结-融解的循环作用下，试样内部孔隙结构的进一步发育和胶结结构的弱化造成了试样的进一步损伤。冻融作用下岩体的损伤是原生孔隙细观损伤、冻融损伤和宏观裂隙损伤的综合作用的结果。

6.2.1 岩体原生孔隙的细观损伤

研究表明，当岩石介质被离散成一定尺寸的微元体时，微元体的强度服从Weibull 分布假设。在该尺寸下，微元体的大小既可以包含足够的胶结物、矿物晶体和缺陷，又可以认为缺陷的分布是均匀的。微元体的强度分布规律符合下式：

$$P(\varepsilon) = \frac{m}{\varepsilon_0} \left(\frac{\varepsilon}{\varepsilon_0} \right)^{m-1} \exp\left[-\left(\frac{\varepsilon}{\varepsilon_0} \right)^{m-1} \right] \tag{6-1}$$

式中：$P(\varepsilon)$ 为微元体的强度概率函数；ε 为应变；m 和 ε_0 分别为 Weibull 分布的相关系数，可通过实验获得。

由上式(6-1)可知，随着加载应力增长，试样的应变和内部微元体的应变也增加，试样内微元体损伤的数量也因此增长。以试样中损伤微元体的体积和总体积的比值表征试样的原生孔隙的细观损伤，则细观损伤可表达为：

$$D_1 = \frac{V_P}{V_{\text{总}}} = \frac{\iiint_V \int_0^\varepsilon P(\varepsilon)\,\mathrm{d}\varepsilon \mathrm{d}x\mathrm{d}y\mathrm{d}z}{\iiint_V \mathrm{d}x\mathrm{d}y\mathrm{d}z} = \int_0^\varepsilon P(\varepsilon)\,\mathrm{d}\varepsilon \tag{6-2}$$

式中：D_1 为原生孔隙的细观损伤；V_P 为损伤微元体的总体积；$V_{\text{总}}$ 为试样的总体积。

由于微元体的强度分布是基于 Weibull 分布假设，在该假设下，ε 为 0 时，原生孔隙的细观损伤 D_1 为 0，联立式(6-1)和式(6-2)，并结合该条件，原生孔隙的细观损伤 D_1 可以表达为：

$$D_1 = \int_0^\varepsilon \varphi(\varepsilon)\,\mathrm{d}\varepsilon = 1 - \exp\left[-\left(\frac{\varepsilon}{\varepsilon_0} \right)^m \right] \tag{6-3}$$

6.2.2　岩体的冻融损伤

　　冻融作用会造成岩体内部的裂隙发育和胶结物与矿物成分之间的胶结效应降低，冻融损伤会导致岩体的力学特性的衰减，因此常用力学性能的衰减程度来表征岩体的冻融损伤。本文中采用常用的弹性模量的变化来表征岩体的冻融损伤，冻融损伤的表达式如下式(6-4)所示。

$$D_2 = 1 - \frac{E_N}{E_0} \tag{6-4}$$

式中：D_2 为循环冻融作用造成的冻融损伤；E_0 为未经历循环冻融的试样的弹性模量；E_N 为经历 N 个循环冻融之后的试样的弹性模量。

6.2.3　岩体的宏观损伤

　　根据断裂力学的理论，在平面问题中，裂隙的存在会造成弹性体破坏过程中的弹性应变能的改变，因此，岩体加载破坏过程中的应变能的改变成为表征岩体宏观损伤的重要参数。

　　研究表明，在单轴加载下，岩体的损伤应变能的释放率表达式为：

$$Y = - \frac{\sigma^2}{2E(1 - D_3)^2} \tag{6-5}$$

式中：Y 为释放率；D_3 为裂隙造成的岩体试样的宏观损伤；σ 为加载应力；E 为完整试样的弹性模量。

　　在应力加载下，岩体的单位体积的弹性应变能的表达式为：

$$U_E = - (1 - D_3) Y \tag{6-6}$$

式中：U_E 为岩体的单位体积的弹性应变能。

　　联立式(6-5)和式(6-6)，可计算得到岩体的弹性应变能密度的表达式为：

$$U_E = \frac{\sigma^2}{2E(1 - D_3)} \tag{6-7}$$

　　由式(6-7)可知，当试样中不包含裂隙时，裂隙导致的宏观损伤 D_3 为 0，因此，完整试样的弹性应变能密度为：

$$U_E^0 = \frac{\sigma^2}{2E} \tag{6-8}$$

式中：U_E^0 为完整试样的弹性应变能密度，该式与第 6 章 6.3.1 小节中的式(6-16)的弹性应变能密度的表达式一致。

　　由于裂隙的存在导致的弹性应变能密度的改变量的表达式为：

$$\Delta U_{\text{E}} = U_{\text{E}} - U_{\text{E}}^{0} = \frac{\sigma^2}{2E}\left(\frac{1}{1 - D_3} - 1\right) \tag{6-9}$$

式中: ΔU_{E} 为裂隙导致的弹性应变能密度的改变量。

以峰值应力 σ_{p} 处的弹性应变能的变化进行计算, 岩体试样的宏观损伤 D_3 的表达式为:

$$D_3 = \frac{2E\Delta U_{\text{E}}}{2E\Delta U_{\text{E}} + \sigma_{\text{p}}^2} \tag{6-10}$$

6.2.4 岩体的耦合损伤

Lemaitre 教授提出的应变等效性假设是损伤耦合的重要基础, 该假设认为损伤材料在真实应力 σ 作用下的应变与无损材料在有效应力 $\tilde{\sigma}$ 作用下的应变等效, 其示意如图 6-1 所示。

在真实应力作用下损伤材料的应变可表达为:

$$\varepsilon = \frac{\sigma}{\tilde{E}} \tag{6-11}$$

有效应力作用下无损材料的应变可表达为:

$$\varepsilon = \frac{\tilde{\sigma}}{E} \tag{6-12}$$

因此, 应变等效可表示为:

$$\varepsilon = \frac{\tilde{\sigma}}{E} = \frac{\sigma}{\tilde{E}} \tag{6-13}$$

上列各式中, $\tilde{E}$ 为损伤材料的弹性模量, E 为无损材料的弹性模量。

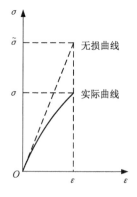

图 6-1 应变等效示意图

两种状态下的弹性模量之间的关系如下式所示。

$$\tilde{E} = (1 - D)E \tag{6-14}$$

式中: D 为材料的损伤。

由应变等效假设可知, 在对材料的损伤进行耦合处理时不能将不同损伤状态下的损伤进行简单的叠加。损伤耦合条件下, 应力造成的应变等效于相同应力下各个损伤状态下的应变之和。因此, 循环冻融下岩体的等效应变示意图如图 6-2 所示。

如图 6-2 所示, 冻融作用下岩体的损伤是岩石原生孔隙的细观损伤[图 6-2(b)]、岩石的冻融损伤[图 6-2(c)]和岩体裂隙的宏观损伤[图 6-2(d)]三重损伤的耦合作用结果。根据损伤耦合条件下的等效应变关系, 则有:

$$\varepsilon_{13} = \varepsilon_1 + \varepsilon_2 + \varepsilon_3 - 2\varepsilon_0 \tag{6-15}$$

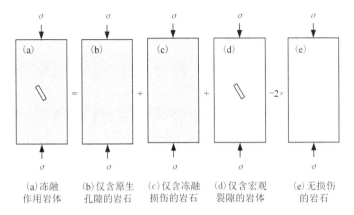

图 6-2　循环冻融下岩体的等效应变示意图

式中：ε_{13}、ε_1、ε_2 和 ε_3 分别为 σ 应力作用下冻融作用岩体、原生孔隙岩石、仅含冻融损伤岩石和仅含宏观岩体的应变，ε_0 为无损岩石材料在 σ 应力作用下的应变。

由式(6-11)和式(6-15)，有：

$$\frac{\sigma}{\widetilde{E}_{13}} = \frac{\sigma}{\widetilde{E}_1} + \frac{\sigma}{\widetilde{E}_2} + \frac{\sigma}{\widetilde{E}_3} - 2\frac{\sigma}{\widetilde{E}_0} \tag{6-16}$$

上式中，$\widetilde{E}_{13}$、$\widetilde{E}_1$、$\widetilde{E}_2$ 和 $\widetilde{E}_3$ 分别冻融作用岩体、原生孔隙岩石、仅含冻融损伤岩石和仅含宏观岩体的弹性模量，$\widetilde{E}_0$ 为无损岩石的弹性模量。

假设冻融作用下岩体耦合损伤、原生孔隙细观损伤、冻融损伤和宏观裂隙损伤在应力方向上造成的损伤分别为 D_{13}、D_1、D_2 和 D_3，则有：

$$\widetilde{E}_{13} = \widetilde{E}_0(1 - D_{13}) \tag{6-17}$$

$$\widetilde{E}_1 = \widetilde{E}_0(1 - D_1) \tag{6-18}$$

$$\widetilde{E}_2 = \widetilde{E}_0(1 - D_2) \tag{6-19}$$

$$\widetilde{E}_3 = \widetilde{E}_0(1 - D_3) \tag{6-20}$$

将式(6-17)~式(6-20)代入式(6-16)，可得：

$$\frac{1}{(1 - D_{13})} = \frac{1}{(1 - D_1)} + \frac{1}{(1 - D_2)} + \frac{1}{(1 - D_3)} - 2 \tag{6-21}$$

因此，冻融作用下岩体的耦合损伤的表达式为：

$$D_{13} = 1 - \frac{(1 - D_1)(1 - D_2)(1 - D_3)}{1 - (D_1D_2 + D_1D_3 + D_2D_3) + 2D_1D_2D_3} \tag{6-22}$$

6.3 静态加载下冻融作用岩体的本构模型

6.3.1 静态单轴加载下岩体本构模型构建

（1）岩体的静态本构模型

冻融作用下岩体在静态加载时的变形过程可以看成是弹性变形的过程，其应力应变规律符合胡克定律，但是由于冻融作用下岩体的内部受到原生孔隙细观损伤 D_1、冻融损伤 D_2 和裂隙的宏观损伤 D_3 三重损伤的耦合损伤 D_{13} 的作用，岩体强度因此衰减。弹性体复合损伤的静态模型如图 6-3 所示。

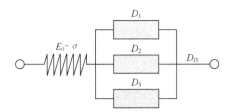

图 6-3 弹性体复合损伤的静态模型

基于损伤力学理论，静态加载下冻融作用下岩体的损伤本构模型的表达式如下式：

$$\sigma = E_0(1 - D_{13})\varepsilon = E_0 \frac{(1 - D_1)(1 - D_2)(1 - D_3)}{1 - (D_1 D_2 + D_1 D_3 + D_2 D_3) + 2D_1 D_2 D_3}\varepsilon \quad (6-23)$$

式中：σ 为应力分量；ε 为应变分量；E_0 为无损状态下的弹性模量。

将上文中的式（6-3）、式（6-4）和式（6-9）中的各个损伤分量的表达式代入式（6-23），简化得到本构模型的表达式如下式：

$$\sigma = \frac{E_0 \varepsilon}{\mathrm{EXP}\left[\dfrac{\varepsilon(t)}{\varepsilon_0}\right]^m + \dfrac{E_0}{E_N} + \dfrac{\Delta U_\mathrm{E}}{U_\mathrm{E}^0} - 1} \quad (6-24)$$

式中：E_N 为试样在经历 N 次循环冻融后的弹性模量；ΔU_E 为裂隙存在导致的弹性应变能密度的改变量；U_E^0 为基准状态的弹性应变能密度，即完整试样的弹性应变能密度。

由于本文实验中不包含完整试样，但是，理论和实验结果表明，0°或 90°的倾角裂隙对试样的力学性能影响最小，因此，本文中选取含 90°倾角的未经冻融的试样代替完整试样作为基准状态来求取完整试样的弹性能密度。

（2）岩体的静态本构模型参数

如上式（6-24）所示，冻融作用下岩体的静态本构模型中包含 m 和 ε_0 两个模型参数。本文以静态加载下冻融作用下岩体的峰值点处应力、应变（σ_p，ε_p）作为特定宏观参量来确定模型参数。

在冻融作用下岩体的应力-应变曲线中，峰值应力 σ_p 与所对应的应变 ε_p 满足以下条件：

（1）$\varepsilon = \varepsilon_p$，$\sigma = \sigma_p$；

（2）$\varepsilon = \varepsilon_p$，$\dfrac{\mathrm{d}\sigma}{\mathrm{d}\varepsilon} = 0$。

如上式（6-24）所示，为了简化模型参数的计算，以初始条件下的试样为分析对象，该类试样的静态本构模型可由式（6-24）简化为：

$$\sigma_p = \frac{E_0 \varepsilon}{\mathrm{EXP}\left[\left(\dfrac{\varepsilon}{\varepsilon_0}\right)^m\right]} \tag{6-25}$$

将条件（1）代入上式（6-25），则有：

$$\sigma_p = \frac{E_0 \varepsilon_p}{\mathrm{EXP}\left[\left(\dfrac{\varepsilon_p}{\varepsilon_0}\right)^m\right]} \tag{6-26}$$

将条件（1）代入上式（6-25），则有：

$$m\left(\frac{\varepsilon_p}{\varepsilon_0}\right)^m = 1 \tag{6-27}$$

联立式（6-26）和式（6-27），可计算得到 m 和 ε_0 两个模型参数的表达式为：

$$\varepsilon_0 = \varepsilon_p (m)^{\frac{1}{m}} \tag{6-28}$$

$$m = \frac{1}{\ln\left(\dfrac{E_0 \varepsilon_p}{\sigma_p}\right)} \tag{6-29}$$

将这些冻融作用下岩体的静态加载实验的结果代入上式（6-28）和式（6-29）并与实际结果相拟合，得到这些模型参数的结果如表 6-1 所示。

表 6-1　冻融作用下岩体静态本构模型参数拟合结果

参数名称	m	ε_0
参数拟合值	4.67	0.0133

6.3.2 静态单轴加载下岩体本构模型验证

为了验证本文中提出的静态单轴加载下冻融作用岩体本构模型的准确性，把上表中的模型数据和试验中获取的相关力学参数代入动态本构模型中，将相应的静态单轴应力-应变曲线和本文中所提出的本构模型拟合出的应力-应变曲线进行对比，以验证模型的准确性。

图 6-4 是以含有 90°倾角裂隙的冻融作用岩体为对象，将经历不同循环后通过试验获取的实际应力-应变曲线和本文中提出的本构模型的拟合应力-应变曲线对比。应力-应变曲线的对比主要是对峰值应力、峰值应变和弹性模量这三个关键参数来进行对比。由图 6-4 可知，随着循环冻融次数的增加，虽然峰值应力和弹性模量的拟合结果与试验值不完全相等，但是上图 6-4 表明，通过本文提出的本构模型所拟合得到的峰值应力和弹性模量与试验值十分接近。

不足的是，在静态单轴加载过程中，所获得的实际应力-应变曲线存在明显的孔隙压密阶段，而拟合曲线则不包含此阶段，因此，导致实际的峰值应变大于拟合的峰值应变。这是因为在描述岩体原生孔隙的细观损伤时，假定岩体内部的微元体强度服从 Weibull 分布所导致的。当采用微元体强度的 Weibull 分布假定去描述多孔材料时，拟合曲线与试验曲线的孔隙压密阶段不相匹配是共性问题，在本文中也没有得到解决。

综上所述，本文中提出的本构模型所拟合的曲线和试验曲线的变化趋势是一致的，弹性模量和峰值应变等关键参数是吻合的，说明在静态单轴加载条件下，本构模型在体现冻融损伤的影响上是可靠的。

图 6-5 是以经历 0 循环冻融的岩体为对象，将包含有不同倾角裂隙试样的试验应力-应变曲线和本构模型的拟合应力-应变曲线对比。由图 6-5 可知，从弹性模量和峰值应力两个关键参数上来看，随着裂隙倾角的变化，虽然峰值应力和弹性模量的拟合结果与试验值不完全相等，但是图 6-5 表明，通过本文提出的本构模型所拟合得到的峰值应力和弹性模量与试验值十分接近，这说明本文所提出的本构模型在体现宏观裂隙损伤的影响上同样是可靠的。

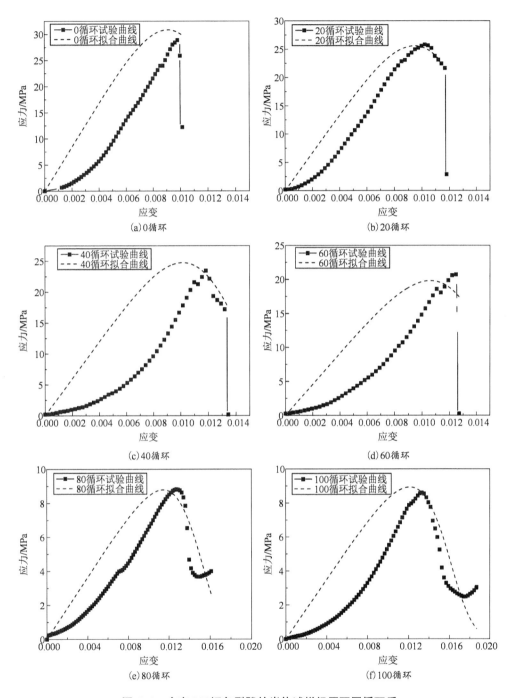

图 6-4 含有 90°倾角裂隙的岩体试样经历不同循环后
试验应力-应变曲线和拟合应力-应变曲线对比

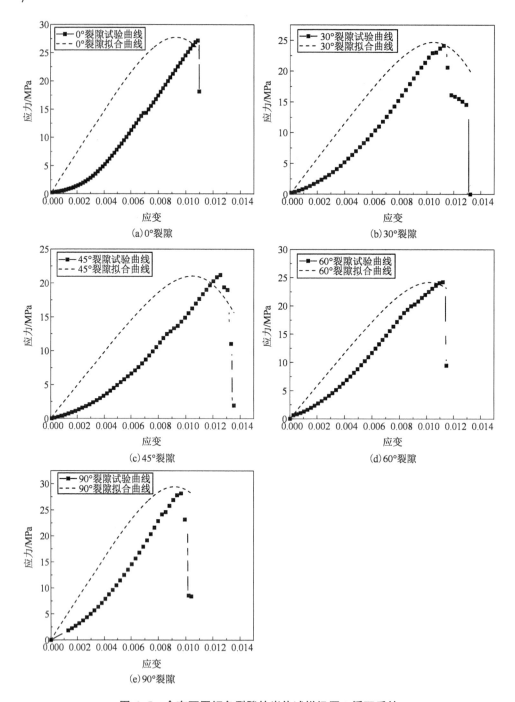

图 6-5 含有不同倾角裂隙的岩体试样经历 0 循环后的
试验应力-应变曲线和拟合应力-应变曲线对比

6.4　动态加载下冻融作用岩体的本构模型

6.4.1　岩体的动态本构模型构建

（1）岩体的动态本构模型

冻融作用岩体在动态应力加载下的变形过程可以看成是复合损伤、静态弹性特性与动态黏滞特性的组合体，该组合体可以看成具有损伤特性的损伤体和不具备损伤特性的动态黏性体并联组合而成。损伤体用于表征试样内部多重损伤的耦合作用，在原生孔隙的细观损伤、冻融损伤和裂隙的宏观损伤的多重损伤耦合下，冻融作用下岩体的力学特性衰减，表现出损伤对试样的应力弱化作用。通过并联的动态黏性体用于表征冲击加载下试样的动力学特性，随着加载速率的增加，动态黏性体的应力增大，表现出应变率对冻融作用下岩体的动态力学特性的硬化效应。考虑损伤和黏滞特性的黏弹性体复合损伤的动态模型如图 6-6 所示。

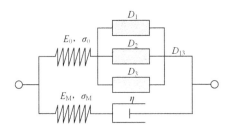

图 6-6　黏弹性体复合损伤的动态模型

根据图 6-6 模型各元件的串并联关系，各元件的应力和应变与试样的应力应变之间的关系如下所示：

$$\sigma = \sigma_0 + \sigma_M \tag{6-30}$$

$$\varepsilon = \varepsilon_0 = \varepsilon_M \tag{6-31}$$

式中：σ 为试样的总应力；σ_0 为弹性元件的应力；σ_M 为黏性元件的应力；ε 为试样的总应变；ε_0 为弹性元件的应变；ε_M 为黏性元件的应变。

动态加载下损伤体元件的本构关系可以参考式（6-24），表达为：

$$\sigma_0 = \frac{E_0 \varepsilon}{\mathrm{EXP}\left[\dfrac{\varepsilon(t)}{\varepsilon_0}\right]^m + \dfrac{E_0}{E_N} + \dfrac{\Delta U_E}{U_E^0} - 1} \tag{6-32}$$

动态加载下黏性元件的表达式可参考文献,表达为:

$$\sigma_M(t) = \dot{\varepsilon}(t)\eta\left\{1 - \mathrm{EXP}\left[\frac{E_M \varepsilon(t)}{\dot{\varepsilon}(t)\eta}\right]\right\} \tag{6-33}$$

式中:$\dot{\varepsilon}(t)$ 为应变率,E_M 为黏性元件的弹性模量,可通过实验数据拟合获得,η 为实验参数,可通过动态加载实验获得。

将式(6-31)~式(6-33)代入式(6-30),可得到冻融作用下岩体的动态损伤本构方程的表达式为:

$$\sigma = \frac{E_0\varepsilon}{\mathrm{EXP}\left[\dfrac{\varepsilon(t)}{\varepsilon_0}\right]^m + \dfrac{E_0}{E_N} + \dfrac{\Delta U_E}{U_E^0} - 1} + \dot{\varepsilon}(t)\eta\left\{1 - \mathrm{EXP}\left[\frac{E_M \varepsilon(t)}{\dot{\varepsilon}(t)\eta}\right]\right\} \tag{6-34}$$

(2)岩体的动态本构模型参数

如式(6-34)所示,冻融作用下岩体的动态本构模型中包含 m、ε_0、E_M 和 η 共4个模型参数。这些模型参数通过冻融作用下岩体的动态冲击实验的结果拟合获得,这些模型参数的拟合结果如下表6-2所示。

表6-2   冻融作用下岩体动态本构模型参数拟合结果

参数名称	m	ε_0	E_M/GPa	η/(MPa·s)
参数拟合值	2.149	0.00677	16.812	0.210

6.4.2   岩体的动态本构模型验证

为了验证本文中提出的冻融作用下岩体的动态本构模型的准确性,将表6-2中的模型数据和试验中获取的相关力学参数代入动态本构模型中,将相应的动态应力-应变曲线和本构模型拟合出的动态-应力应变曲线进行对比。拟合曲线和试验曲线越贴近,则越能说明本构模型的准确性。

图6-7以含有90°倾角裂隙的岩体试样为对象,将经历不同循环后的试验应力-应变曲线和本构模型的拟合应力-应变曲线对比。由图6-7可知,在经历了不同的循环冻融作用之后,本构模型拟合的动态弹性模量和动态峰值应力这两个动态力学的关键参数均与试验结果很接近。从动态峰值应力前的曲线上来看,由图6-7可知,试样在经历60循环冻融之后,模型所拟合的峰前曲线和试验所获得的峰前曲线基本吻合。试样在经历了80循环冻融之后,由于试样的孔隙度较大,试验获得的应力-应变曲线的开始阶段出现明显的孔隙压密阶段,表现为应力应变曲线初始阶段的下凹。而本构模型因为考虑到应变率效应的应力硬化效应,表现为拟合曲线在应力-应变曲线的开始阶段有一段上凹。这是造成模型的

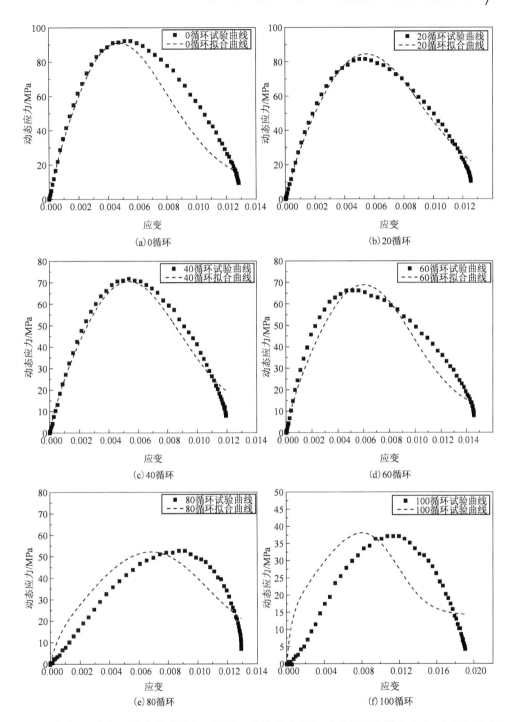

图 6-7　含有 90°倾角裂隙岩体试样在不同循环后的试验应力-应变曲线和拟合应力-应变曲线对比

拟合曲线和经历 80 以上循环冻融处理试样的应力-应变曲线产生误差的主要原因。

本文模型的拟合曲线和试验曲线的变化趋势是一致的，动态弹性模量和峰值应力等关键参数吻合，说明本构模型在体现冻融损伤的影响上是可靠的。

图 6-8 以经历 0 循环冻融的岩体试样为对象，将包含有不同倾角裂隙试样的试验应力-应变曲线和本构模型的拟合应力-应变曲线对比。由图 6-8 可知，从动态弹性模量和动态峰值应力两个关键参数上来看，本文本构模型的拟合值和试验的结果都很接近，本文模型的拟合曲线和试验曲线在峰前段十分贴合，说明本构模型在体现宏观裂隙损伤的影响上同样是可靠的。

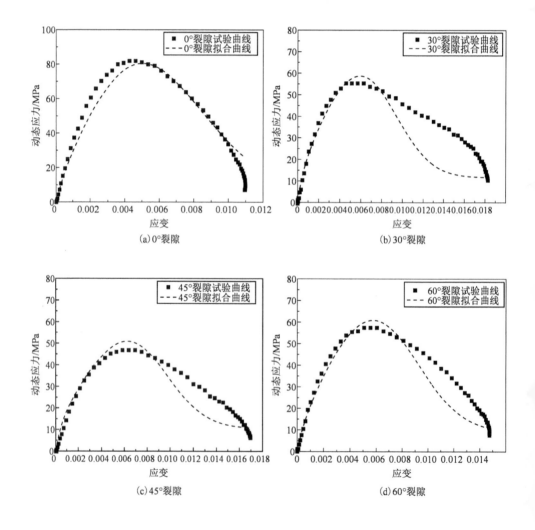

(a) 0°裂隙

(b) 30°裂隙

(c) 45°裂隙

(d) 60°裂隙

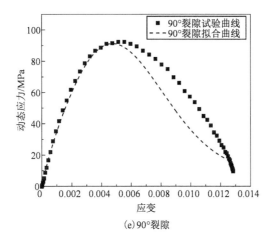

(e) 90°裂隙

图 6-8　含有不同倾角裂隙的岩体试样在经历 0 循环后的
试验应力-应变曲线和拟合应力-应变曲线对比

综上所述,本文构建的冻融作用下岩体的动态本构模型是可靠的。

参考文献

［1］ 文博杰，陈毓川，王高尚，等. 2035 年中国能源与矿产资源需求展望［J］. 中国工程科学，2019(1)：68-73.

［2］ 张雷，傅晓峰. 21 世纪中国西部矿产资源开发的战略思考［J］. 国土资源通讯，2001，11(8)：36-41.

［3］ 王海飞. 我国西部矿产资源开发现状及可持续发展对策［J］. 中国矿业，2009(2)：16-18.

［4］ 李海东，沈渭寿，卞正富. 西部矿产资源开发的生态环境损害与监管［J］. 生态与农村环境学报，2016，32(3)：345-350.

［5］ 中国科学院兰州冰川冻土研究所. 第二届全国冻土学术会议论文集［M］. 兰州：甘肃人民出版社，1993.

［6］ 郑美玉. 季节冻土(粉质粘土)融沉特性试验研究［D］. 哈尔滨：黑龙江大学，2012.

［7］ 蔡美峰. 岩石力学与工程［M］. 北京：科学出版社，2013.

［8］ 陈湘生. 冻土力学之研究——21 世纪岩土力学的重要领域之一［J］. 煤炭学报，1998(1)：53-57.

［9］ Park J, Hyun C U, Park H D. Changes in microstructure and physical properties of rocks caused by artificial freeze - thaw action［J］. Bulletin of Engineering Geology & the Environment, 2015, 74(2)：555-565.

［10］ Mustafa F, Ismail I. Effects of the freeze-thaw (F-T) cycle on the andesitic rocks (Sille-Konya/Turkey) used in construction building［J］. Journal of African Earth Sciences, 2015, 109：96-106.

［11］ Del Roa L M, Lopez F, Esteban F J, et al. Ultrasonic study of alteration processes in granites caused by freezing and thawing［J］. IEEE Ultrasonics Symposium, 2005, 1：415-418.

［12］ Ganesh M, Savka D, Erling N. Experimental study on debonding of shotcrete with acoustic emission during freezing and thawing cycle［J］. Cold Regions Science & Technology, 2015, 111：1-12.

［13］ 单仁亮，张蕾，杨昊，等. 饱水红砂岩冻融特性试验研究［J］. 中国矿业大学学报，2016，45(5)：923-929.

［14］ 奚家米，付垒，贾晓峰，等. 不同冻融状态下白垩系常见岩层物理力学特性对比分析［J］. 西安科技大学学报，2018，38(2)：253-259.

[15] 吴刚, 何国梁, 张磊, 等. 大理岩循环冻融试验研究[J]. 岩石力学与工程学报, 2005, 25(S1): 2930-2938.

[16] 贺晶晶, 师俊平. 冻融后不同含水状态砂岩的剪切破坏特性[J]. 岩石力学与工程学报, 2018, 37, 339(06): 55-63.

[17] 王永岩, 柳雪庆, 苏传奇, 等. 循环冻融对不同孔隙率页岩相似材料影响的试验研究[J]. 冰川冻土, 2018, 40(1): 102-109.

[18] 徐光苗. 寒区岩体低温、冻融损伤力学特性及多场耦合研究[D]. 中国科学院武汉岩土力学研究所, 2006.

[19] 张慧梅, 杨更社. 水分及冻融环境下岩石抗拉力学特性[J]. 湖南科技大学学报(自然科学版), 2013, 28(3): 35-40.

[20] 周科平, 张亚民, 李杰林, 等. 粗、细粒径花岗岩冻融损伤机理及其演化规律[J]. 工程科学学报, 2013, 35(10): 1249-1255.

[21] 李杰林, 周科平, 柯波. 冻融后花岗岩孔隙发育特征与单轴抗压强度的关联分析[J]. 煤炭学报, 2015, 40(8): 1783-1789.

[22] 宋勇军, 张磊涛, 任建喜, 等. 冻融后循环荷载作用下红砂岩力学特性试验研究[J]. 煤炭工程, 2019, 51(2): 122-127.

[23] 张慧梅, 杨更社. 冻融环境下红砂岩力学特性试验及损伤分析[J]. 力学与实践, 2013, 35(3): 57-61.

[24] 徐嘉豪. 冻融受荷岩石变形破坏分析[D]. 西安: 西安科技大学, 2017.

[25] 张慧梅, 夏浩峻, 杨更社, 等. 循环冻融和围压对岩石物理力学性质影响的试验研究[J]. 煤炭学报, 2018: 441-448.

[26] 张慧梅, 张蒙军, 谢祥妙, 等. 循环冻融条件下红砂岩物理力学特性试验研究[J]. 太原理工大学学报, 2015(1): 69-74.

[27] 俞缙, 傅国锋, 陈旭, 等. 循环冻融后砂岩三轴卸围压力学特性试验研究[J]. 岩石力学与工程学报, 2015(10): 2001-2009.

[28] 徐拴海, 田延哲, 李宁. 循环冻融条件下粗砂岩物理力学性质变化规律[J]. 煤田地质与勘探, 2016, 44(5): 102-107.

[29] 阎锡东, 刘红岩, 邢闯锋, 等. 循环冻融条件下岩石弹性模量变化规律研究[J]. 岩土力学, 2015(8): 2315-2322.

[30] 陈招军, 王乐华, 王思敏, 等. 循环冻融条件下岩石加卸荷力学特性研究[J]. 长江科学院院报, 2017(1): 98-103.

[31] 张继周, 缪林昌, 杨振峰. 冻融条件下岩石损伤劣化机制和力学特性研究[J]. 岩石力学与工程学报, 2008, 27(8): 1678-1688.

[32] 田维刚. 多因素耦合作用下岩石冻融损伤机理试验研究[D]. 长沙: 中南大学, 2014.

[33] 韩铁林, 陈蕴生, 师俊平, 等. 循环冻融下钙质砂岩力学特性及其损伤劣化机制的试验研究[J]. 岩土工程学报, 2015, 38(10): 1802-1812.

[34] 韩铁林, 师俊平, 陈蕴生. 砂岩在化学腐蚀和循环冻融共同作用下力学特征劣化的试验研究[J]. 水利学报, 2016, 47(5): 644-655.

［35］ 丁梧秀，徐桃，王鸿毅，等. 水化学溶液及冻融耦合作用下灰岩力学特性试验研究［J］. 岩石力学与工程学报，2015，34（5）：979-985.

［36］ M Hosseini，A R Khodayari. Effect of freeze–thaw cycle on strength and rock strength parameters（A Lushan sandstone case study）［J］. Journal of Mining and Environment，2019，10（1）：257-270.

［37］ Walbert C，Eslami J，Beaucour A L，et al. Evolution of the mechanical behaviour of limestone subjected to freeze-thaw cycles［J］. Environmental Earth Sciences，2015，74（7）：6339-6351.

［38］ Altindag R，Alyildiz I S，Onargan T. Mechanical property degradation of ignimbrite subjected to recurrent freeze-thaw cycles［J］. International Journal of Rock Mechanics & Mining Sciences，2004，41（6）：1023-1028.

［39］ B Martel，V Bussière，B C Jean. Resistance of a soapstone waste rock to freeze–thaw and wet-dry cycles：Iplications for use in a reclamation cover in the Canadian Arctic［J］. Bulletin of Engineering Geology and the Environment. 2020. 10. 1007/s10064-020-01930-8.

［40］ Ni X，Shen X，Zhu Z. Microscopic characteristics of fractured sandstone after cyclic freezing-thawing and triaxial unloading tests［J］. Advances in Civil Engineering，2019，2019（5）：1-11.

［41］ 芮雪莲. 寒区冻融作用下岩石力学特性及致灾机制研究［D］. 成都：成都理工大学，2016.

［42］ 傅国锋. 化学和循环冻融共同作用后砂岩力学性能的劣化机制研究［D］. 厦门：华侨大学，2016.

［43］ 张慧梅，杨更社. 岩石冻融力学实验及损伤扩展特性［J］. 中国矿业大学学报，2011，40（1）：140-145.

［44］ 龚家伟. 预应力循环冻融耦合作用下岩石力学特性试验研究［D］. 宜昌：三峡大学，2016.

［45］ Keping Zhou，Bin Li，Jielin Li，et al. Microscopic damage and dynamic mechanical properties of rock under freeze–thaw environment［J］. Transactions of Nonferrous Metals Society of China，2015，25（4）：1254-1261.

［46］ 刘少赫，许金余，王鹏，等. 冻融红砂岩的SHPB试验研究及细观分析［J］. 振动与冲击，2017（20）：208-214.

［47］ Jielin L，Kaunda R B，Keping Z. Experimental investigations on the effects of ambient freeze-thaw cycling on dynamic properties and rock pore structure deterioration of sandstone［J］. Cold Regions Science and Technology，2018，154：133-141.

［48］ 闻磊，李夕兵，吴秋红，等. 循环冻融作用下花岗斑岩动载强度研究［J］. 岩石力学与工程学报，2015，34（7）：1297-1306.

［49］ 闻名，许金余，王鹏，等. 水分与冻融环境下岩石动态拉伸试验及细观分析［J］. 振动与冲击，2017（20）：11-16，41.

［50］ 杨阳. 低温作用下岩石动态力学性能试验研究［D］. 北京：中国矿业大学，2016.

［51］ 杨念哥，周科平，雷涛，等. 循环冻融下砂岩动力特性及其破坏规律［J］. 中国有色金属

学报, 2016(10): 2181-2187.

[52] 郑广辉, 许金余, 王鹏, 等. 循环冻融作用下层理砂岩物理特性及劣化模型[J]. 岩土力学, 2019, 40(2): 218-227.

[53] Wang P, Xu J, Liu S, et al. A prediction model for the dynamic mechanical degradation of sedimentary rock after a long-term freeze-thaw weathering: Considering the strain-rate effect [J]. Cold Regions Science & Technology, 2016, 131: 16-23.

[54] Wang P, Xu J, Fang X, et al. Energy dissipation and damage evolution analyses for the dynamic compression failure process of red-sandstone after freeze-thaw cycles[J]. Engineering Geology, 2017, 221: 104-113.

[55] Ke B, Zhou K, Xu C, et al. Dynamic mechanical property deterioration model of sandstone caused by freeze-thaw weathering[J]. Rock Mechanics and Rock Engineering, 2018(51): 2791-2804.

[56] Chuanju Liu, Hongwei Deng, Huatao Zhao, Jian Zhang. Effects of freeze-thaw treatment on the dynamic tensile strength of granite using the Brazilian test[J]. Coltec, 2018, doi: 10. 1016/j. coldregions. 2018. 08. 022.

[57] Chuanju Liu, Jian Zhang, Hongwei Deng, et al. Energy dissipation characteristics and failure patterns of freeze-thawed granite in dynamic flexural tension[J]. Coltec, 2018, doi: 10. 1109/ACCESS. 2019. 2929867.

[58] 安超. 冲击荷载作用下冻融砂岩力学性能及破坏机理研究[D]. 徐州: 中国矿业大学, 2019.

[59] Zhang J, Deng H, Taheri A, et al. Deterioration and strain energy development of sandstones under quasi-static and dynamic loading after freeze-thaw cycles[J]. Cold Regionsence and Technology, 2019, 160(APR.): 252-264.

[60] Ma Q, Ma D, Yao Z. Influence of freeze-thaw cycles on dynamic compressive strength and energy distribution of soft rock specimen[J]. Cold Regions Science and Technology, 2018, 153: 10-17.

[61] Yang R, Fang S, Li W, et al. Experimental study on the dynamic properties of three types of rock at negative temperature[J]. Geotechnical and Geological Engineering, 2019, 37: 455-464.

[62] Wang P, Xu J, Liu S, et al. Static and dynamic mechanical properties of sedimentary rock after freeze-thaw or thermal shock weathering[J]. Engineering Geology, 2016, 210: 148-157.

[63] 路亚妮. 裂隙岩体冻融损伤力学特性试验及破坏机制研究[D]. 武汉: 武汉理工大学, 2013.

[64] 李新平, 路亚妮, 王仰君, 等. 冻融荷载耦合作用下单裂隙岩体损伤模型研究[J]. 岩石力学与工程学报, 2013, 32(11): 2307-2315.

[65] 路亚妮, 李新平, 吴兴宏. 三轴压缩条件下冻融单裂隙岩样裂缝贯通机制[J]. 岩土力学, 2014, 35(6): 1579-1584.

[66] 路亚妮, 李新平, 肖家双. 单裂隙岩体冻融力学特性试验分析[J]. 地下空间与工程学

报, 2014, 10(3): 593-598.

[67] 母剑桥. 循环冻融条件下岩体损伤劣化特性及其致灾效应研究[D]. 成都: 成都理工大学, 2013.

[68] 刘红岩, 刘冶, 邢闯锋, 等. 循环冻融条件下节理岩体损伤破坏试验研究[J]. 岩土力学, 2014, 35(6): 1547-1554.

[69] 邢闯锋, 刘红岩, 马敏, 等. 循环冻融下节理岩体损伤破坏的试验研究[J]. 工程勘察, 2013(8): 1-5.

[70] 王乐华, 陈招军, 金晶, 等. 节理岩体冻融力学特性试验研究[J]. 水利水电技术, 2016, 47(5): 149-153.

[71] 徐拴海, 李宁, 袁克阔, 等. 融化作用下含冰裂隙冻岩强度特性及寒区边坡失稳研究现状[J]. 冰川冻土, 2016, 38(4): 1106-1120.

[72] 贾海梁. 多孔岩石及裂隙岩体冻融损伤机制的理论模型和试验研究[D]. 武汉: 中国地质大学(武汉), 2016.

[73] 申艳军, 杨更社, 荣腾龙, 等. 循环冻融作用下单裂隙类砂岩局部化损伤效应及端部断裂特性分析[J]. 岩石力学与工程学报, 2017(3): 47-55.

[74] 陈国庆, 周玉新, 魏涛, 等. 裂隙岩石循环冻融下裂纹扩展特征研究[J]. 金属矿山, 2019, 511(01): 198-202.

[75] 刘艳章, 郭赟林, 黄诗冰, 等. 冻融作用下裂隙类砂岩断裂特征与强度损失研究[J]. 岩土力学, 2018, 39(S2): 69-78.

[76] 任建喜, 冯晓光, 刘慧. 三轴压缩单一裂隙砂岩细观损伤破坏特性 CT 分析 [J]. 西安科技大学学报, 2009, 29(3): 300-304.

[77] 杨更社, 申艳军, 贾海梁, 等. 冻融环境下岩体损伤力学特性多尺度研究及进展[J]. 岩石力学与工程学报, 2018, 37(3): 545-564.

[78] 刘泉声, 黄诗冰, 康永水, 等. 岩体冻融疲劳损伤模型与评价指标研究[J]. 岩石力学与工程学报, 2015, 34(6): 1116-1127.

[79] 袁小清, 刘红岩, 刘京平. 冻融荷载耦合作用下节理岩体损伤本构模型[J]. 岩石力学与工程学报, 2015, 34(8): 1602-1611.

[80] 陈松, 乔春生, 叶青, 等. 冻融荷载下节理岩体的复合损伤模型[J]. 哈尔滨工业大学学报, 2019, 51(2): 106-114.

[81] 申艳军, 杨更社, 王铭, 等. 冻融-周期荷载下单裂隙类砂岩损伤及断裂演化试验分析[J]. 岩石力学与工程学报, 2018, 37(3): 709-718.

[82] 黄诗冰, 刘泉声, 程爱平, 等. 低温岩体裂隙冻胀力与冻胀扩展试验初探[J]. 岩土力学, 2018(1): 78-84.

[83] Apponnicr P, Brace W F. Development of stress-induced microcracks in westerly granite [J]. Int. J. Rock Mech. Min. Sci., 1976, 13(1): 103-112.

[84] Kranz R L. The effects of confining pressure and stress difference on static fatiguc of granite [J]. J. GeoPhys. Res., 1980, 85(2): 1854-1866.

[85] Karaz R L. Crack growth and development duringcreep of barre granite [J]. Int. J.

Rock Mech. Min. Sci. &Geomech. Abstr, 1979. 23-35.

[86] Kranz R L. Crack-crack and crack-pore interactions instresses granite[J]. Int. J. Rock Mech. Min. Sci. &Geomech. Abstr, 1979, 16(11): 37-47.

[87] Sangha C M. Microfracturing of a sandstone in uniaxial compression[J]. Int. J. Rock. Min. Sci. & Ge-omech. Abstr(1), 1974. 107-113.

[88] Chen Y, Yao X X. The study of fracture of gabbro[J]. Int. J. Rock Mech. Min. Sci. &Geomech. Ab-str., 1978, 15(1): 99-112.

[89] Monteiro P J M, Bastacky S J, Hayes T L. Low-temperature scanning electron microscope analysis of the Portland cement paste early hydration[J]. Cement and Concrete Research, 1985, 15: 687-693.

[90] Monteiro P J M, Rashed A I, Bastacky S J, Hayes T L. Ice in cementpaste as analyzed in the low-temperature scanning electron microscope[J]. Cement and Concrete Research, 1989, 19, 306-314.

[91] Mousavi S Z S, Tavakoli H, Moarefvand P, et al. Micro-structural, petro-graphical and mechanical studies of schist rocks under the freezing-thawing cycles[J]. Cold Regions Science and Technology, 2020. doi: 10. 1016/j. coldregions. 2020. 103039.

[92] Javier Martínez-Martínez, Benavente D, Gomez-Heras M, et al. Non-linear decay of building stones during freeze-thaw weathering processes[J]. Construction and Building Materials, 2013, 38(1): 443-454.

[93] 王章琼. 武当群片岩冻融损伤特性实验研究[D]. 武汉: 中国地质大学, 2014.

[94] 方云, 乔梁, 陈星, 等. 云冈石窟砂岩循环冻融试验研究[J]. 岩土力学, 2014(9): 2433-2442.

[95] 刘成禹, 何满潮, 王树仁, 等. 花岗岩低温冻融损伤特性的实验研究[J]. 湖南科技大学学报(自然科学版), 2005, 20(1): 37-40.

[96] 项伟, 王琰, 贾海梁, 等. 循环冻融条件下岩体-喷层结构模型试验研究[J]. 岩石力学与工程学报, 2011, 30(9): 1819-1826.

[97] 张峰瑞, 姜谙男, 江宗斌, 等. 化学腐蚀冻融综合作用下岩石损伤蠕变特性试验研究[J]. 岩土力学, 2019, 40(10): 1-10.

[98] 母剑桥, 裴向军, 黄勇, 等. 冻融岩体力学特性实验研究[J]. 工程地质学报, 2013(1): 103-108.

[99] 柳森昊. 西部矿区冻融条件下砂岩力学特性研究[D]. 徐州: 中国矿业大学, 2019.

[100] 蒋帅男. 高寒山区冻融岩石的物理力学性质及损伤特性研究[D]. 成都: 成都理工大学, 2016.

[101] 张全胜, 杨更社, 高广运, 等. X射线CT技术在岩石损伤检测中的应用研究[J]. 力学与实践, 2015, 27(6): 11-19.

[102] Raynaud, Fabre D, Mazerolle F, etal. Analysisofthein-ternal strueture of rocks and charaeterization of mechanieal deformation by a non-destruetive method: X-ray tomod-ensitometry[J]. Teetonop Hysics, 1989, 159: 149-159.

[103]V G Ruiz de Argandoña, Rey A R, Celorio C, et al. Characterization by computed X-ray tomography of the evolution of the pore structure of a dolomite rock during freeze-thaw cyclic tests[J]. Physics and Chemistry of the Earth Part A Solid Earth and Geodesy, 1999, 24(7): 633-637.

[104]杨更社, 谢定义, 张长庆等. 岩石损伤特性的 CT 识别[J]. 岩石力学与工程学报, 1996, 15(1): 48-54.

[105]杨更社, 张全胜, 蒲毅彬, 冻结温度影响下岩石细观损伤演化 CT 扫描[J]. 长安大学学报(自然科学版), 2004. 24(6): 40-42.

[106]刘慧, 杨更社, 叶万军, 等. 基于 CT 图像三值分割的冻结岩石水冰含量及损伤特性分析[J]. 采矿与安全工程学报, 2016, 33(6): 1130-1137.

[107]葛修润, 任建喜, 蒲毅彬, 等. 煤岩三轴细观损伤演化规律的 CT 动态试验[J]. 岩石力学与工程学报, 1999, 18(5): 497-497.

[108]葛修润, 任建喜, 蒲毅彬, 等. 岩石疲劳损伤扩展规律 CT 细观分析初探[J]. 岩土工程学报, 2001, 23(2): 191-195.

[109]田威, 李小山, 王峰. 循环冻融与硫酸盐溶液耦合作用下混凝土劣化机理试验研究[J]. 硅酸盐通报, 2019, 38(3): 119-127.

[110]仵彦卿, 曹广祝, 王殿武. 基于 X-射线 CT 方法的岩石小裂纹扩展过程分析[J]. 应用力学学报, 2005, 22(3): 484-490.

[111]刘慧, 杨更社, 田俊锋, 等. 冻结岩石细观结构及温度场数值模拟研究[J]. 地下空间与工程学报, 2007, 3(6): 1127-1132.

[112]刘慧. 基于 CT 图像处理的冻结岩石细观结构及损伤力学特性研究[D]. 西安: 西安科技大学, 2013.

[113]庞步青. 基于分形理论的冻融岩石损伤研究[D]. 西安: 西安科技大学, 2016.

[114]王光海, 王瑞平, 张凤军, 等. 用核磁共振方法确定储层参数[J]. 测井技术, 1997(6): 393-396.

[115]王为民, 叶朝辉, 郭和坤. 陆相储层岩石核磁共振物理特征的实验研究[J]. 波谱学杂志, 2001, 18(2): 113-121.

[116]胡俊, 鲜国勇, 魏红燕. 低阻储层岩石物性研究[J]. 西南石油大学学报(自然科学版), 2002, 24(4): 17-19.

[117]李振林, 李戈理, 程道解, 等. 基于核磁共振 T2 谱储层产水率测井评价技术[J]. 测井技术, 2020, 44(1): 67-72.

[118]张超. 利用核磁共振 T_2 谱计算致密砂岩储层渗透率新方法[J]. 测井技术, 2018, 42(5): 66-72.

[119]闫建平, 温丹妮, 李尊芝, 等. 基于核磁共振测井的低渗透砂岩孔隙结构定量评价方法: 以东营凹陷南斜坡沙四段为例[J]. 地球物理学报, 2016, 59(4): 1543-1552.

[120]王学武, 杨正明, 李海波, 等. 核磁共振研究低渗透储层孔隙结构方法[J]. 西南石油大学学报(自然科学版), 2010, 32(2): 69-72.

[121]邵维志, 丁娱娇, 王庆梅, 等. 用核磁共振测井定量评价稠油储层的方法[J]. 测井技术,

2006(1)：67-71.

[122]周科平, 李杰林, 许玉娟, 等. 基于核磁共振技术的岩石孔隙结构特征测定[J]. 中南大学学报: 自然科学版, 2012, 43(12)：4796-4800.

[123]周科平, 胡振襄, 李杰林, 等. 基于核磁共振技术的大理岩卸荷损伤演化规律研究[J]. 岩石力学与工程学报, 2014, 33(S2)：3523-3530.

[124]李杰林, 朱龙胤, 周科平, 等 冻融作用下砂岩孔隙结构损伤特征研究[J]. 岩土力学, 2019(9)：3524-3532.

[125]李杰林. 基于核磁共振技术的寒区岩石冻融损伤机理试验研究[D]. 长沙: 中南大学, 2012.

[126]Li J, Kaunda R B, Zhu L, et al. Experimental study of the pore structure deterioration of sandstones under freeze-thaw cycles and chemical erosion[J]. Advances in Civil Engineering, 2019, 2019：1-12.

[127]Li J L, Zhou K P, Liu W J, et al. NMR research on deterioration characteristics of microscopic structure of sandstones in freeze-thaw cycles[J]. Transactions of Nonferrous Metals Society of China, 2016, 26(11)：2997-3003.

[128]Deng H W, Dong C F, Li J L, et al. Experimental study on sandstone freezing-thawing damage properties under condition of water chemistry[J]. Applied Mechanics and Materials, 2014, 608-609：726-731.

[129]Deng H, Yu S, Deng J. Damage characteristics of sandstone subjected to coupled effect of freezing-thawing cycles and acid environment[J]. Advances in Civil Engineering, 2018：1-10.

[130]Gao F, Wang Q, Deng H, et al. Coupled effects of chemical environments and freeze-thaw cycles on damage characteristics of red sandstone[J]. Bulletin of Engineering Geology and the Environment, 2016, 76(4)：1481-1490.

[131]Liu C, Deng H, Chen X, et al. Impact of rock samples size on the microstructural changes induced by freeze-thaw cycles[J]. Rock Mech Rock Eng, 2020, 1：1-8.

[132]张二锋, 杨更社, 刘慧. 循环冻融作用下砂岩细观损伤演化规律试验研究[J]. 煤炭工程, 2018, 50(10)：50-55.

[133]Anovitz L M, Cole D R. Characterization and analysis of porosity and pore structures[J]. Reviews in Mineralogy and Geochemistry, 2015, 80(1)：161-164.

[134]李杰林, 刘汉文, 周科平, 等. 冻融作用下岩石细观结构损伤的低场核磁共振研究[J]. 西安科技大学学报, 2018, 38(2)：266-272.

[135]Jielin L, Hanwen L, Kaiming A, et al. An NMR-based experimental study on the pore structure of the hydration process of mine filling slurry[J]. Advances in Civil Engineering, 2018：1-12.

[136]李军, 金武军, 王亮, 等. 页岩气岩心核磁共振 T_2 与孔径尺寸定量关系[J]. 测井技术, 2016(4)：460-464.

[137]运华云, 赵文杰, 刘兵开, 等. 利用 T_2 分布进行岩石孔隙结构研究[J]. 测井技术,

2002, 26(1): 18-21.

[138] 何雨丹, 毛志强, 肖立志. 核磁共振 T_2 分布评价岩石孔径分布的改进方法[J]. 地球物理学报, 2005, 48(2): 373-378.

[139] 李军, 张超谟, 唐小梅, 等. 核磁共振资料在碳酸盐岩储层评价中的应用[J]. 石油天然气学报, 2004, 26(1): 48-50.

[140] 商涛平, 童寿兴. 混凝土超声检测中含水率对声速影响的研究[J]. 无损检测, 2003, 25(4): 189-191.

[141] 吴胜兴, 王岩, 沈德. 建混凝土及其组成材料轴拉损伤过程声发射特性试验研究[J]. 2009, 42(7): 21-27.

[142] 朱宏平, 徐文胜, 陈晓强. 利用声发射信号与速率过程理论对混凝土损伤进行定量评估[J]. 2008, 25(1): 186-191.

[143] Shen W, Peng L, Yue Y, et al. Elastic damage and energy dissipation in anisotropic solid material[J]. Engineering Fracture Mechanics, 1989, 33(2): 273-281.

[144] You M Q, Hua A Z. Energy analysis on failure process of rock specimens[J]. Chinese Journal of Rock Mechanics and Engineering, 2002, 21(6): 778-781,

[145] Xie HP, Ju Y, Li LY. Criteria for strength and structural failure of rocks based on energy dissipation and energy release principles [J]. Chinese Journal of Rock Mechanics and Engineering, 2005, 24(17): 3003-3010

[146] 谢和平, 鞠杨, 黎立云, 等. 岩体变形破坏过程的能量机制[J]. 岩石力学与工程学报, 2008, 27(9): 1729-1740.

[147] 赵忠虎, 谢和平. 岩石变形破坏过程中的能量传递和耗散研究[J]. 四川大学学报(工程科学版), 2008, 40(2): 26-31.

[148] 黄达, 黄润秋, 张永兴, 等. 粗晶大理岩单轴压缩力学特性的静态加载速率效应及能量机制试验研究[J]. 岩石力学与工程学报, 2012, 31(2): 245-255.

[149] 田威, 谢永利, 党发宁, 等. 冻融环境下混凝土力学性能试验及损伤演化[J]. 四川大学学报(工程科学版), 2015, 47(4): 38-44.

[150] 黎立云, 谢和平, 鞠杨, 等. 岩石可释放应变能及耗散能的实验研究[J]. 工程力学, 2011, 28(3): 35-40.

[151] 尤明庆, 华安增. 岩石试样破坏过程的能量分析[J]. 岩石力学与工程学报, 2002, 21(6): 778-781.

[152] 孙亚军. 基于能量耗散原理的类岩石材料损伤演化试验研究和数值模拟[D]. 大连: 大连理工大学, 2013.

[153] Lundberg B. A split hopkinson bar study of energy absorption in dynamic[J]. International Journal of Rock Mechanics, Mining Sciences and Geomechanics Abstracts, 1976, 13(6): 187-197.

[154] Liu S, Xu J. Study on dynamic characteristics of marble under impact loading and high temperature[J]. International Journal of Rock Mechanics and Mining Sciences, 2013, 62: 51-58.

[155]黎立云，徐志强，谢和平，等. 不同冲击速度下岩石破坏能量规律的实验研究[J]. 煤炭学报，2011，36(12)：2007-2012.

[156]许金余，吕晓聪，张军，等. 围压条件下岩石循环冲击损伤的能量特性研究[J]. 岩石力学与工程学报，2010，29(A02)：4159-4165.

[157]夏昌敬，谢和平，鞠杨，等. 冲击载荷下孔隙岩石能量耗散的实验研究[J]. 工程力学，2006，23(9)：1-5.

[158]袁璞，马瑞秋. 不同吸水状态下SHPB试验岩石能量吸收分析[C]. 全国冲击动力学学术会议，2013.

[159]王文，李化敏，顾合龙，等. 动静组合加载含水煤样能量耗散特征分析[J]. 岩石力学与工程学报，2015(S2)：3965-3971.

[160]王建国，梁书锋，高全臣，等. 节理倾角对类岩石冲击能量传递影响的试验研究[J]. 中南大学学报(自然科学版)，2018，49(5)：219-225.

[161]朱晶晶，李夕兵，宫凤强，等. 冲击载荷作用下砂岩的动力学特性及损伤规律[J]. 中南大学学报(自然科学版)，2012(7)：2701-2707.

[162]李夕兵，宫凤强，Zhao J，等. 一维动静组合加载下岩石冲击破坏试验研究[J]. 岩石力学与工程学报，2010，29(2)：251-260.

[163]周子龙. 岩石动静组合加载试验与力学特性研究[D]. 长沙：中南大学，2007.

[164]刘少虹，毛德兵，齐庆新，等. 动静加载下组合煤岩的应力波传播机制与能量耗散[J]. 煤炭学报，2014，39(S1)：15-22.

[165]谢和平. 孔隙和破断岩体的宏细观力学研究[J]. 岩土工程学报，1998，20(4)：113-114.

[166]B B Mandelbrot. Fractal character of fracture surfaces of metals of metals[J]. Nature，1984，(308)：72-723.

[167]Keru Wu. Efect of metallic aggregate on strength and fracture properties of HPC[J]. Cement and Concrete Reseach，2001，(31)：113-118.

[168]An Yan，Keru Wu. Effect of fracture path on the fracture energy of high-strength concrete[J]. Cement and Concrete Research，2001，(31)：1601-1606.

[169]董毓利. 混凝土非线性力学基础[M]. 北京：中国建筑工业出版社，1997.

[170]M B Feodor. Fractals and fractal scaling in fracture mechanics[J]. International Journal of Fracture，1999(95)：239-259.

[171]A Carpinteri. Fractal nature of material microstructure and size effects on apparent mechanical properties[J]. Mechanics of Materials，1994(18)：89-101.

[172]A Carpinteri，B Chiaia. Crack-resistance behavior as a consequence of self-similar fracture topologies[J]. Intenational Journal of Fracture，1996(76)：327-340.

[173]M B Bruneto. Scaling phenomena due to fractal contact in concrete and rock fractures[J]. Intenational Journal of Fracture，1999(95)：221-238.

[174]周克荣，肖小松，吴晓涵. 混凝土立方体抗压强度尺寸效应中的分形行为[J]. 福州大学学报，1996(S1)：63-68.

[175]Xie S，Cheng Q，Ling Q，et al. Fractal and multifractal analysis of carbonate pore-scale digital

images of petroleum reservoirs[J]. Marine and Petroleum Geology, 2010, 27(2): 476-485.

[176]Ang Li, Wenlong Ding, Jianhua He, et al. Investigation of pore structure and fractal characteristics of organic-rich shale reservoirs: A case study of lower cambrian qiongzhusi formation in Malong block of eastern Yunnan Province, South China[J]. Marine and Petroleum Geology, 2016, 70: 46-57.

[177]Li P, Zheng M, Bi H, et al. Pore throat structure and fractal characteristics of tight oil sandstone: A case study in the Ordos Basin, China[J]. Journal of Petroleum Science and Engineering, 2017, 149: 665-674.

[178]马新仿, 张士诚, 郎兆新. 储层岩石孔隙结构的分形研究[J]. 中国矿业, 2003, 12(9): 46-48.

[179]陈振标, 张超谟, 张占松, 等. 利用 NMR T_2 谱分布研究储层岩石孔隙分形结构[J]. 岩性油气藏, 2008, 20(1): 105-110.

[180]张超谟, 陈振标, 张占松, 等. 基于核磁共振 T_2 谱分布的储层岩石孔隙分形结构研究[J]. 石油天然气学报, 2007, 29(4): 80-86.

[181]李润泽, 王长江, 李伟, 等. 基于铸体薄片的致密岩心孔隙结构多重分形特征研究[J]. 西安石油大学学报(自然科学版), 2016(6): 66-71.

[182]成玉祥, 段玉贵, 李格烨, 等. 岩石冻融风化作用积累泥石流物源试验研究[J]. 灾害学, 2015(2): 46-50.

[183]卢阳, 邬爱清, 徐平, 等. 三江源区岩体冻融风化特征及影响主因分析[J]. 长江科学院院报, 2016, 33(4): 39-45.

[184]刘芳. 川藏铁路片岩冻融风化特征研究[D]. 成都: 西南交通大学, 2016.

[185]Kulatilake. Physical and particle flow modeling of jointed rock block behavior under uniaxial loading[J]. International Journal of Rock Mechanics & Mining Sciences, 2001, 38: 641-657.

[186]赵震英, 曾亚武, 陶振宇. 节理岩体平面有限元非线性分析及模型试验研究[A]//中国岩石力学与工程学会数值计算与模型试验专业委员会编. 第二届全国岩石力学数值计算与模型实验学术研讨会论文集[C]. 上海: 同济大学出版社, 1990: 523-528.

[187]M Prudencio, Van Sint Jan M. Strength and failure modes of rock mass models with non-persistent joints[J]. International Journal of Rock Mechanics & Mining Sciences, 2007, 44(6): 890-902.

[188]左保成, 陈从新, 刘才华, 等. 相似材料实验研究[J]. 岩土力学, 2004, 25(11): 1805-1808.

[189]陈陆望. 物理模型试验技术及其在岩土工程中的应用[D]. 武汉: 中国科学院武汉岩土力学研究所, 2006.

[190]刘刚, 赵坚, 宋宏伟, 等. 断续节理岩体中围岩破裂区的试验研究[J]. 中国矿业大学学报, 2008, 37(1): 62-66.

[191]董金玉, 杨继红, 杨国香, 等. 基于正交设计的模型试验相似材料的配比试验研究[J]. 煤炭学报, 2012(1): 46-51.

[192]荣腾龙. 低温环境下单裂隙岩体强度损伤及断裂特性分析[D]. 西安: 西安科技大

学, 2015.

[193] 赵建军, 严浩元, 杨昌鑫, 等. 冻融作用下裂隙岩体锚固效应研究[J]. 工程地质学报, 2018, 26(5): 148-155.

[194] Hall L D, Rajanayagam V. Evaluation of the distribution of water in wood by use of three dimensional proton NMR volume imgaing[J]. Wood Sci. Technol, 1986, 20: 239-33.

[195] Yao Yanbin, Liu Dameng, Liu Jungang, et al. Assessing the water migration and permeability of large intact bituminous and anthracite coals using NMR relaxation spectrometry[J]. Transport in Porous Media, 2015, 107(2): 527-542.

[196] Liu C, Deng H, Wang Y, Lin Y, Zhao H. Time - varying characteristics of granite microstructures after cyclic dynamic disturbance using nuclear magnetic resonance [J]. Crystals, 2017, 7(306): 1-11.

[197] Jiang Z, Yu S, Deng H, et al. Investigation on microstructure and damage of sandstone under cyclic dynamic impact[J]. IEEE Access, 2019, 99: 1-19.

[198] 周华, 高峰, 周萧, 等. 云冈石窟不同类型砂岩的核磁共振 T_2 谱——压汞毛管压力换算 C 值研究[J]. 地球物理学进展, 2013, 28(5): 2759-2766.

[199] 陈志刚, Douglas W Ruth. 离心机技术毛细管压力资料的分析及解释[J]. 石油勘探与开发, 1993, 20(6): 109-119.

[200] 伊向艺. 高速离心机测定毛管压力曲线有关问题讨论[J]. 新疆石油学院学报, 1998, 10(1): 25-29.

[201] 王迪, 陈敏, 王健伟, 等. 基于 T_2 和毛管压力分类转换的渗透率计算新方法[J]. 地球物理学进展, 2019(5): 1900-1909.

[202] Sijian Z, Yanbin Y, Dameng L, et al. Characterizations of full-scale pore size distribution, porosity and permeability of coals: A novel methodology by nuclear magnetic resonance and fractal analysis theory[J]. International Journal of Coal Geology, 2018, 196: 148-158.

[203] 何雨丹, 毛志强, 肖立志, 等. 利用核磁共振 T_2 分布构造毛管压力曲线的新方法[J]. 吉林大学学报(地球科学版), 2005, 35(2): 177-181.

[204] 秦雷. 液氮循环致裂煤体孔隙结构演化特征及增透机制研究[D]. 北京, 中国矿业大学, 2018.

[205] Fu Haijiao, Wang Xiangzeng, Zhang Lixia, et al. Investigation of the factors that control the development of pore structure in lacustrine shale: A case study of block X in the Ordos Basin, China[J]. Journal of Natural Gas Science and Engineering, 2015, 26: 1422-1432.

[206] Martin O, Miloslav K. Rock pore structure as main reason of rock deterioration[J]. Studia Geotechnica et Mechanica, 2014, 36(1): 79-88.

[207] Yan Z, Chen C, Fan P, et al. Pore structure characterization of ten typical rocks in China [J]. Electronic Journal of Geotechnical Engineering, 2015, 20(2): 479-494.

[208] J Zhang, H Deng, J Deng, R Gao. Fractal analysis of pore structure development of sandstone: A nuclear magnetic resonance investigation[J]. IEEE Access, 2019, 7: 47282-47293.

[209] Yan J P, Wen D N, Li Z Z, et al. The quantitative evaluation method of low permeable

sandstone pore structure based on nuclear magnetic resonance（NMR）logging[J]. Chinese Journal of Geophysics, 2016, 59(4), 1543-1552.

[210]Mao Z Q, Xiao L, Wang Z N, et al. Estimation of permeability by integrating nuclear magnetic resonance（NMR）logs with mercury injection capillary pressure（MICP）data in tight gas sands[J]. Applied Magnetic Resonance, 2013, 44(4): 449-468.

[211]W E Kenyon, Log. Anal. 1997, 38(3), 21-43.

[212]韦重耕, 王启智. 径向冲击中心直裂纹巴西圆盘的复合型动态断裂分析[J]. 动力学与控制学报, 2007, 5(1): 75-83.

[213]黄彦华, 杨圣奇, 鞠杨, 等. 岩石巴西劈裂强度与裂纹扩展尺寸效应研究[J]. 中南大学学报(自然科学版), 2016, 47(7): 1272-1281.

[214]Dong S, Wang Y, Xia Y. Stress intensity factors for central cracked circular disk subjected to compression[J]. Engineering Fracture Mechanics, 2004, 71(7-8): 1135-1148.

[215]Y Liu, Y Yao, D Liu, et al. Shale pore size classification: An NMR fluid typing method [J]. Mar. Petrol. Geol., 2018, 96: 591-601.

[216]P Zhang, S Lu, J Li, et al. Characterization of shale pore system: A case study of Paleogene Xin'gouzui Formation in the Jianghan basin, China[J]. Mar. Petrol. Geol., 2017(79): 321-334.

[217]M N Testamanti, R Rezaee. Determination of NMR T₂ cut-off for clay bound water in shales: A case study of Carynginia Formation, Perth Basin, Western Australia [J]. J. Petrol. Sci. Eng., 2017, 149: 497-503.

[218]Z Jiang, H Deng, T Liu, G Tian, L Tang. Study on microstructural evolution of marble under cyclic dynamic impact based on NMR[J]. IEEE Access, 2019, 7: 138043-138055.

[219]梁中勇, 饶军应, 黄培东, 等. 裂隙倾角对泥质白云岩强度影响试验研究[J]. 科学技术与工程, 2019, 19(12): 305-312.

[220]牛亮, 穆锐, 陈俊. 含天然微裂隙岩石的劈裂力学特性试验研究[J]. 长江科学院院报, 2020, 37(2): 141-146.

[221]中国航空研究院. 应力强度因子手册(增订版)[M]. 北京:科学出版社, 1993.

[222]杨仁树, 陈骏, 刘殿书. 动态巴西圆盘劈裂试验的极限分析解[J]. 岩土工程学报, 2017, 39(6): 1156-1160.

[223]李夕兵. 岩石动力学基础与应用[M]. 北京:科学出版社, 2014.

[224]李夕兵, 古德生. 岩石冲击动力学[M]. 长沙:中南工业大学出版社, 1994.

[225]张伟, 李海涛, 王剑, 等. 砂浆模拟裂隙岩体在动静组合荷载下的 SHPB 试验研究[J]. 山东大学学报(工学版), 2016, 46(6): 97-104.

[226]倪敏, 苟小平, 王启智. 霍普金森杆冲击压缩单裂纹圆孔板的岩石动态断裂韧度试验方法[J]. 工程力学, 2013, 30(1): 365-372.

[227]倪敏, 汪坤, 王启智. SHPB 冲击加载下四种岩石的复合型动态断裂实验研究[J]. 应用力学学报, 2010, 27(4): 697-702.

[228]张盛, 王启智. 采用中心圆孔裂缝平台圆盘确定岩石的动态断裂韧度[J]. 岩土工程学

报, 2006, 28(6): 723-728.

[229] Dong S M, Wang Y, Xia Y M. Stress intensity factors for central cracked circular disk subjected to compression[J]. Engineering Fracture Mechanics, 2004, 71(7-8): 1135-1148.

[230] 杨井瑞, 张财贵, 周妍, 等. 用 SCDC 试样测试岩石动态断裂韧度的新方法[J]. 2015, 34(2): 279-293.

[231] 冯峰, 王启智. 大理岩 I-II 复合型动态断裂的实验研究[J]. 2009, 28(8): 1579-1587.

[232] 苟小平, 杨井瑞, 王启智. 基于 P-CCNBD 试样的岩石动态断裂韧度测试方法[J]. 岩土力学, 2016(9): 2449-2461.

[233] Yokoyama T, Kishida K. A novel impact three-point bend test method for determining dynamic fracture initiation toughness[J]. Experimental Mechanics, 1989, 29(2): 188-194.

[234] 尹土兵. 考虑温度效应的岩石动力学行为研究[D]. 长沙: 中南大学, 2012.

[235] Zhang Z, A Weller. Fractal dimension of pore-space geometry of an Eocene sandstone formation[J]. Geophysics, 2014, 79(6): 377-387.

[236] Li K. Analytical derivation of Brooks-Corey type capillary pressure models using fractal geometry and evaluation of rock heterogeneity[J]. Journal of Petroleum Science Engineering, 2010, 73: 20-26.

[237] 何满潮, 杨国兴, 苗金丽, 等. 岩爆实验碎屑分类及其研究方法[J]. 岩石力学与工程学报, 2009, 28(8): 1521-1529.

[238] Giri A, Tarafdar S, Gouze P, Dutta T. Fractal pore structure of sedimentary rocks: Simulation in 2-d using a relaxed bidisperse ballistic deposition model[J]. Journal of Applied Geophysics, 2012, 87, 40-45.

[239] Cai J, Yu B, Zou M, Mei M. Fractal analysis of invasion depth of extraneous fluids in porous media[J]. Chem. Eng. Sci, 2010, 65: 5178-5186.

[240] Ziyuan Wang, Mao Pan, Yongmin Shi et al. Fractal analysis of Donghetang sandstones using NMR measurements[J]. Energy Fuels, 2018, 32 (3): 2973-2982.

[241] J Zhang, C Ai, Y Li, et al. Energy-based brittleness index and acoustic emission characteristics of anisotropic coal under triaxial stress condition[J]. Rock Mechanics and Rock Engineering, 2018, 51(11): 3343-3360.

[242] Huang D, Huang R Q, Zhang Y X. Experimental investigations on static compression rate effects on mechanical properties and energy mechanism of coarse crystal grain marble under uniaxial compression[J]. Chinese Journal of Rock Mechanics and Engineering, 2012, 31(2): 245-255.

[243] Fanzhen Meng, Hui Zhou, Chuanqing Zhang, et al. Evaluation methodology of brittleness of rock based on post-peak stress-strain curves[J]. Rock Mech Rock Eng, 2015, 48: 1787-1805.

[244] Zhang Z X, Kou S Q, Jing L G, et al. Effects of loading rate on rock fracture: fracture characteristics and energy partitioning[J]. International Journal of Rock Mechanics and Mining Sciences, 2000, 37(5): 745-762.

[245] 赵毅鑫, 龚爽, 黄亚琼. 冲击载荷下煤样动态拉伸劈裂能量耗散特征实验[J]. 煤炭学

报, 2015, 40(10): 2320-2326.

[246] 胡其志, 冯夏庭, 周辉. 考虑温度损伤的盐岩蠕变本构关系研究[J]. 岩土力学, 2009, 30(8): 2245-2249.

[247] 虞松涛, 邓红卫, 张亚南. 温度与围压作用下的岩石损伤本构关系研究[J]. 铁道科学与工程学报, 2018, 15, 97(4): 79-87.

[248] 张连英. 高温作用下泥岩的损伤演化及破裂机理研究[D]. 徐州: 中国矿业大学, 2012.

[249] 张慧梅, 杨更社. 冻融与荷载耦合作用下岩石损伤模型的研究[J]. 岩石力学与工程学报, 2010, 29(3): 471-476.

[250] 虞松涛. 酸性环境下黄砂岩冻融损伤演化机理研究[D]. 长沙: 中南大学, 2017.

[251] Li N, Chen W, Zhang P. The mechanical properties and a fatigue-damage model for jointed rock mass subjected to dynamic cyclical loading[J]. International Journal of Rock Mechanics and Mining Sciences, 2001, 38: 1071-1079.

[252] 刘红岩, 王新生, 张力民, 等. 非贯通节理岩体单轴压缩动态损伤本构模型[J]. 岩土工程学报, 2016, 38(3): 426-477.

[253] 楼志文. 损伤力学基础[M]. 西安: 西安交通大学出版社, 1991.

[254] 刘小明, 李焯芬. 脆性岩石损伤力学分析与岩爆损伤能量指数[J]. 岩石力学与工程学报, 1997, 16(2): 140-147.

[255] 袁小清, 刘红岩, 刘京平. 基于宏细观损伤耦合的非贯通裂隙岩体本构模型[J]. 岩土力学, 2015, 36(10): 2804-2815.

[256] 邓正定, 向帅, 周尖荣, 等. 非贯通裂隙岩体损伤演化率相关性及变形特征[J]. 爆炸与冲击, 2019, 39(8): 1-12.

[257] 祁磊. 动-静载荷下不同角度裂缝对类砂岩力学特性影响试验研究[D]. 昆明: 昆明理工大学, 2016.

[258] 王卫华, 李坤, 王小金, 等. SHPB加载下含不同倾角裂隙的类岩石试样力学特性[J]. 科技导报, 2016, 34(18): 246-250.